不动产登记

主　编　邓传青
副主编　瞿华蓥　薛荣莉
参　编　黄　涛　陈　超

北京理工大学出版社
BEIJING INSTITUTE OF TECHNOLOGY PRESS

内 容 提 要

本书按照高等院校人才培养目标及专业教学改革的需要，以《不动产登记暂行条例》等法律法规为依据，系统阐述了土地、房屋等不动产登记的基本理论、制度规范和操作实务。全书主要内容包括认识不动产登记、确定不动产权属、不动产地籍调查、不动产登记程序、不动产具体登记。

本书注重不动产登记知识的实用性和可操作性，紧密对接工作实践，精选典型案例，采用“学练结合”的方式，帮助学生理解和掌握相关知识，具有较强的针对性。本书可作为高等院校资源环境与安全类专业的教材，也可作为不动产登记从业人员的参考用书。

图书在版编目（CIP）数据

不动产登记 / 邓传青主编. -- 北京：北京理工大学出版社，2025. 7.

ISBN 978-7-5763-4913-9

Ⅰ. D923.2

中国国家版本馆CIP数据核字第20258JA982号

责任编辑： 江 立　　**文案编辑：** 江 立

责任校对： 周瑞红　　**责任印制：** 王美丽

出版发行 / 北京理工大学出版社有限责任公司

社　　址 / 北京市丰台区四合庄路 6 号

邮　　编 / 100070

电　　话 / (010) 68914026（教材售后服务热线）

(010) 63726648（课件资源服务热线）

网　　址 / http：//www.bitpress.com.cn

版 印 次 / 2025 年 7 月第 1 版第 1 次印刷

印　　刷 / 三河市腾飞印务有限公司

开　　本 / 787 mm × 1092 mm　1/16

印　　张 / 11.5

字　　数 / 253 千字

定　　价 / 79.00 元

前言

PREFACE

随着我国经济的快速发展，人民群众的不动产物权意识逐步提高。土地、房屋等不动产权利涉及千家万户，而不动产统一登记制度的实施更是提升了社会对不动产物权的关注。该项制度对于保障不动产交易安全、保护不动产所有者和使用者的权益，以及提高政府治理效率和水平具有重大的意义。

在此背景下，云南国土资源职业学院按照国家不动产统一登记工作的要求，及时编写了本书。全书以土地登记、房屋登记为核心，系统介绍了不动产登记的相关知识，共分为认识不动产登记、确定不动产权属、不动产地籍调查、不动产登记程序、不动产具体登记五个项目。

本书在编排上注重理论与实践相结合，每个项目按照【知识目标 + 能力目标 + 素养目标】【项目介绍】进行设置，并将具体项目分解为若干实际任务。每个任务按照【任务目标】【任务导入】【知识链接】【任务实施】来设计内容，由浅入深，符合专业工作实际。

本书对不动产登记的一般知识、法规要求、具体操作均进行了介绍，注重理论联系实际，紧密结合当前不动产登记实践，注重培养学生解决问题的能力，具有较强的针对性。本书可作为高等院校资源环境与安全类专业的教材，也可作为不动产登记从业人员的参考用书。

本书在编写过程中，得到了北京理工大学出版社的大力支持，自然资源部自然资源确权登记局姜武汉、广东省不动产登记与估价专业人员协会薛红霞、东华理工大学陈竹安副教授、昆明市自然资源和规划局王晓健等专家对书稿提出了宝贵的修改意见，在此表示由衷的感谢。同时，本书还引用了相关书籍，在此一并表示感谢。

本书由黄涛、陈超负责编写项目一，薛荣莉负责编写项目二，邓传青、瞿华蓥负责编写项目三，邓传青负责编写项目四、项目五，由邓传青完成全书文字统稿。

由于编写时间有限，书中难免存在疏漏或不足之处，恳请广大读者批评指正。

编　者

目录

CONTENTS

项目一 认识不动产登记

知识目标

(1)了解不动产及不动产登记的概念;
(2)了解不动产登记的类型与证书;
(3)了解线上办理不动产登记情况。

能力目标

(1)能够正确认知不动产及不动产登记;
(2)能够判断不动产登记的类型;
(3)能够正确辨识不动产权证书与不动产登记证明。

素养目标

(1)具有数字化学习意识,能运用数字化资源与工具完成不动产登记学习任务;
(2)以认真负责的专业态度开展不动产登记;
(3)具备实事求是、担当实干、笃行有为的职业素质。

项目介绍

不动产登记是《中华人民共和国民法典》(以下简称《民法典》)中物权编确立的一项物权制度,是指经权利人或利害关系人申请,由国家专职部门将有关不动产物权及其变动事项记载于不动产登记簿的事实。

本项目主要学习不动产的概念与特性、不动产登记的含义与作用、登记机构,以及不动产登记的重要成果——不动产登记证书。

任务一　了解不动产

任务目标

(1)了解不动产的概念；

(2)认识不动产的特性。

任务导入

钢筋、水泥是建筑房屋的基本材料，那么，房屋属于动产还是不动产？钢筋、水泥属于动产还是不动产？

知识链接

一、不动产的概念

不动产是指土地、海域(含无居民海岛)及房屋、林木等定着物。不动产包括附着于地面或位于地上和地下的附属物，是依自然性质或法律规定不可移动的土地、土地定着物、与土地尚未脱离的土地生成物、因自然或人力添附于土地且不能分离的其他物，如建筑物及土地上生长的植物。不动产基本类型如图 1-1 所示。不动产不一定是实物形态的，其包括物质实体和依托于物质实体上的权益。

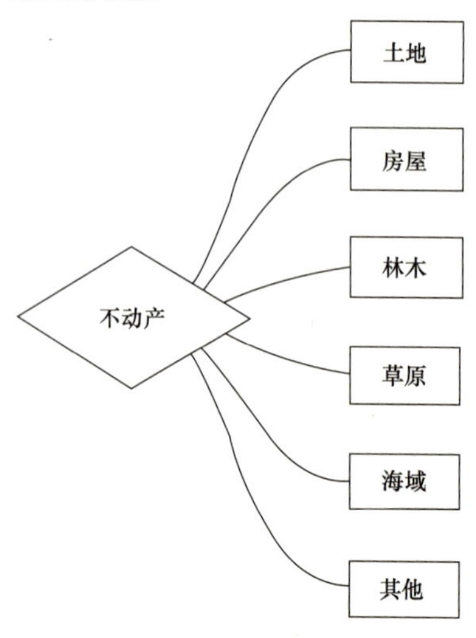

图 1-1　不动产基本类型

二、不动产与动产的划分

不动产与动产概念的区别主要表现在：第一，是否可以移动。通常来说，不动产不可以移动，而动产可以移动。第二，移动是否在经济上合理。房屋等土地附着物也可能是能够移动的，但一旦移动耗资巨大，而动产通常可以移动，即使是沉重的机器设备，也可以移动，且较之于不动产其移动损耗不大。第三，是否附着于土地。不动产除土地外，其他财产如房屋、林木等都是附着于土地的，通常在空间上不可移动，若发生移动则会影响它的经济价值。而动产通常并不附着于土地。

动产与不动产有时是可以互变的。例如，钢筋与水泥是动产，但是用其做成了建筑物，就变成了不动产。

三、不动产的特性

(一)自然特性

不动产作为自然物的特性有以下几项：

(1)不可移动性。不可移动性又称为位置固定性，即地理位置固定。

(2)个别性。个别性也称为独特性、异质性、独一无二，包括位置差异、利用程度差异、权利差异。

(3)耐久性。耐久性又称为寿命长久，土地不因使用或放置而损耗、毁灭，且增值。我国的国有出让土地有使用年限。

(4)数量有限性。数量有限性又称为供给有限，土地总量固定有限，经济供给有弹性。

(5)保值增值性。保值增值性是相对于其他财产所具有的特性。

(二)社会经济特性

社会经济特性是指体现人们之间的社会关系和经济关系的特性。不动产的社会经济特性有以下几项：

(1)价值量大。与一般物品相比，不动产不仅单价高，而且总价大。

(2)用途多样性。从经济角度来说，土地利用的优先顺序为商业、办公、居住、工业、耕地、放牧地、森林、荒地。

(3)涉及广泛性。涉及广泛性又称为相互影响，不动产涉及社会多方面，容易对外界产生影响。

(4)权益受限性。房地产权利人行使权益时受相关法律法规的限制。

(5)难以变现性。难以变现性也称为变现力弱、流动性差，主要由价值高、不可移动、易受限制性等造成。影响变现的因素主要有不动产的通用性、独立使用性、价值量、可分割性、开发程度、区位市场状况等。

(6)保值增值性。增值是指不动产由于面积不能增加、交通等基础设施不断完善、人口增加等，其价值一般随着时间推移而增加。保值是指不动产能抵御通货膨胀。

任务实施

回答钢筋、水泥是否属于不动产，并以自家的房屋及土地为例，描述其情况，说明其特性：

____，
____，
____，
____。

任务二 了解不动产登记概况

任务目标

(1)掌握不动产登记的概念；
(2)认识不动产登记机构；
(3)了解不动产登记工作开展情况；
(4)理解不动产登记的作用。

任务导入

李×在市里某小区拥有住房一套，需办理相关证件，请问他为何要办证？到哪个机构办证？

知识链接

一、不动产登记的概念

不动产登记是指不动产登记机构依法将不动产权利归属和其他法定事项记载于不动产登记簿的行为。这也是《民法典》中物权编确立的一项物权制度。

不动产是重要的财产。不动产登记是公示不动产物权变动情况，保障不动产交易安全的一项基础性法律制度。动产以占有作为权利归属的判定标准，以交付转移占有来认定所有权转移，而不动产不可移动，其所有权归属和转移难于以占有来判定，其认定标准和动产必然有所区别。不动产的权利状况不能通过占有进行判定，其交易风险自然高于动产，

为了避免在交易过程中可能出现的风险，当事人就要对不动产权利状况进行详细调查，而这种由交易各方自行进行的调查，势必要花费大量的时间和精力，大大增加交易成本。因此，需要建立不动产登记制度来明确权利状况，这样，既可以保障不动产权利人的权利得到登记机构的公示，也方便相关的利害关系人对不动产权利现状进行了解，有利于保护不动产交易的安全。

二、不动产登记办理机构

国务院自然资源主管部门负责指导、监督全国不动产登记工作。不动产登记由不动产所在地的县级人民政府不动产登记机构办理；直辖市、设区的市人民政府可以确定本级不动产登记机构统一办理所属各区的不动产登记。

跨县级行政区域的不动产登记，由所跨县级行政区域的不动产登记机构分别办理。不能分别办理的，由所跨县级行政区域的不动产登记机构协商办理；协商不成的，由共同的上一级人民政府不动产登记主管部门指定办理。

国务院确定的重点国有林区的森林、林木和林地，国务院批准项目用海、用岛，中央国家机关使用的国有土地等不动产登记，由国务院自然资源主管部门会同有关部门规定。

三、不动产统一登记开展情况

2015 年 3 月 1 日，《不动产登记暂行条例》落地实施(2024 年 3 月 10 日第二次修订)。

2016 年 1 月 1 日，国土资源部公布《不动产登记暂行条例实施细则》(2024 年 5 月 9 日自然资源部第二次修正)，对集体土地所有权登记、国有建设用地使用权及房屋所有权登记、宅基地使用权及房屋所有权登记等各种不动产权利的登记都做出了更为细致的规定。

2017 年 4 月，国土资源部办公厅印发《压缩不动产登记时间实施方案》，要求各地在确保登记资料移交到位、人员划转到位的基础上，进一步简化登记流程，提高登记效率，分类压缩不动产登记办理时限。

2018 年 3 月，我国正式开展农村房屋不动产登记发证试点工作。

2018 年 6 月，全国统一的不动产登记信息管理基础平台已实现全国联网，不动产登记体系进入到全面运行阶段。

2019 年年底前，全国所有市县一般登记、抵押登记业务办理时间力争分别压缩至10 个和 5 个工作日内。

2020 年年底前，不动产登记数据完善，所有市县不动产登记需要使用有关部门信息的全部共享到位，“互联网＋不动产登记”在地级及以上城市全面实施。

2023 年年底，全国约有 3 000 个大厅、4 万个窗口、10 万人的登记队伍，每天可为 40 万群众和企业提供各类登记服务，10 年来累计颁发不动产权证书 7.9 亿多本、不动产登记证明 3.6 亿多份，电子证书证明 3.3 亿多本；通过推行“跨省通办”“交房即交证”“带押过户”等便民利民举措，实现“一窗、一网、一次”甚至“不见面”办证，一般登记和抵押登记实现 5 个工作日内办结。

四、不动产登记的作用

（一）规范不动产登记行为

通过《不动产登记暂行条例》的实施，确立不动产登记机构及其工作人员开展不动产登记工作的具体标准，明确不动产登记机构应当严格遵守的登记程序和履行的职责，保证登记机构在不动产登记实践中能够准确地进行登记。

（二）维护房地产交易安全

通过《不动产登记暂行条例》的实施，保证公示的不动产权利状况等不动产登记记载事项的准确性和有效性，有利于维护当事人之间不动产交易的安全性和便捷性。《民法典》中物权编专门规定了登记制度，赋予登记以公信力，目的就是保护交易安全。同时，保护交易安全，也就意味着对善意第三人权益的保护。

（三）保护权利人的合法权益

《不动产登记暂行条例》从方便权利人进行登记和切实保障其权利出发来设计不动产登记程序。登记是不动产物权的法定公示手段，《民法典》中物权编规定："不动产登记簿是物权归属和内容的根据。"这确立了登记的权利推定规则，凡是记载于登记簿的权利人即被推定享有该项权利。因此，在我国房地产市场发展迅速、房地产交易法律关系和权属变化复杂的情况下，登记法律制度的完善对于维护当事人的合法权益具有重要的作用。

（四）健全市场经济的需求

统一的不动产登记制度是市场经济的一项基础性制度，和每个人的切身利益息息相关。

我国不动产登记从分散到统一，从城市房屋到农村宅基地，从不动产到自然资源，覆盖所有国土空间，涵盖所有不动产物权，积极服务和支撑了经济社会发展，使产权保护更加有力，交易安全更有保障，人民群众获得感显著增强，社会主义市场经济的产权基础更加坚实。

五、不动产登记从业人员的素养要点

夯实专业功底，积极担当有为，高效服务办事，公平公正登记。

不动产登记工作，坚持以服务为宗旨，以便民利企为目标，从业人员要提升为民服务的能力和意识，秉持"服务有温度，做事有速度，工作有态度"的工作理念，要有热心，热情服务；要有细心，认真审阅每一份受理材料；要有重心，工作提质增效；要有爱心，主动服务，为群众排忧解难；要有责任心，依法依规忠诚履职。

任务实施

告知李×为什么要办理不动产登记，到哪个部门去办理：

____，

____，

____，

____。

任务三　认识不动产登记类型、证书

任务目标

熟悉不动产登记的类型与证书。

任务导入

李×在市里某小区拥有住房一套，属于父辈给他留下的房产，请问他需要了解并办理哪种类型的登记？办理登记后持有的是什么证书？

知识链接

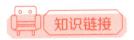

一、不动产登记的类型

《不动产登记暂行条例》中说明了不动产登记的类型有首次登记、转移登记、变更登记、注销登记、更正登记、异议登记、预告登记、查封登记等。

（一）首次登记

首次登记是指不动产权利第一次记载于不动产登记簿。未办理不动产首次登记的，不得办理不动产其他类型登记，但法律、行政法规另有规定的除外。

（二）转移登记

转移登记主要针对不动产权属发生转移的，如买卖、继承、赠予、以不动产作价入股等，这是最为普遍的一种登记类型。

(三)变更登记

变更登记主要针对不动产权利人的姓名或不动产坐落等发生变化的情形。

(四)注销登记

注销登记适用于不动产权利灭失的情形。

(五)更正登记

更正登记一般是指登记机构根据当事人的申请或者依职权对登记簿的错误记载事项进行更正的行为。

(六)异议登记

异议登记是指登记机构将事实上的权利人及利害关系人对不动产登记簿记载的权利所提出的异议申请记载于不动产登记簿的行为。

(七)预告登记

预告登记是指当事人签订买卖房屋或者其他不动产物权的协议，为保障将来实现物权，按照约定可以向登记机关申请预告登记。

(八)查封登记

查封登记是指不动产登记机构根据人民法院等提供的查封裁定书和协助执行通知书，将查封的情况在不动产登记簿上加以记载的行为。

二、不动产登记的证书

(一)不动产权证书

不动产权证书是权利人享有该不动产物权的证明。当不动产登记机构完成登记后，会依法向申请人核发不动产权属证书。当事人持有不动产权属证书，就能够证明自己是不动产权属证书登记的物权的权利人。不动产权证书有单一版和集成版两个版本，证书中记载登记簿的主要信息。

单一版证书记载一个不动产单元上的不动产权利；集成版证书记载同一权利人在同一登记辖区内享有的多个不动产单元上的不动产权利。目前主要采用单一版证书，如图 1-2 所示。

(二)不动产登记证明

不动产登记证明用于证明不动产抵押权、地役权、地上权等事项，由权利人持有，如图 1-3 所示。例如，李五用名下商铺向银行申请贷款，需将商铺抵押并办理抵押登记。登记机构出具《不动产登记证明》，银行凭此证明享有抵押权。

中华人民共和国
不动产权证书

根据《中华人民共和国民法典》等法律法规，为保护不动产权利人合法权益，对不动产权利人申请登记的本证所列不动产权利，经审查核实，准予登记，颁发此证。

登记机构（章）

年　月　日

中华人民共和国自然资源部监制

编号NO. 00000000000

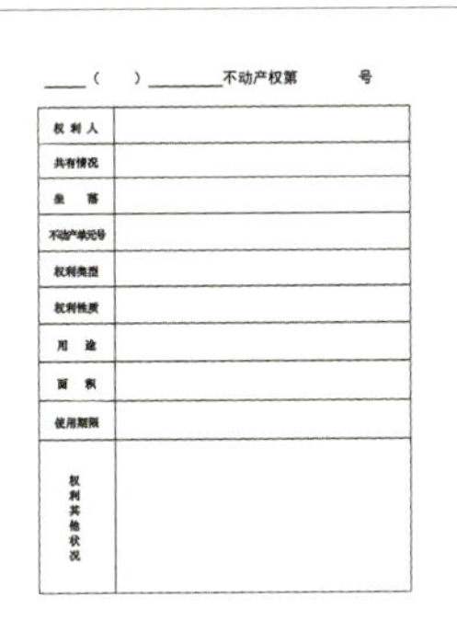

____（　）________不动产权第　　号

权利人	
共有情况	
坐　落	
不动产单元号	
权利类型	
权利性质	
用　途	
面　积	
使用期限	
权利其他状况	

附　记

图 1-2　不动产权证书

___（　）____不动产证明第　　号

不动产登记证明

根据《中华人民共和国民法典》等法律法规，为保护不动产权利人合法权益，对申请人申请登记的本证明所列不动产权利或登记事项，经审查核实，准予登记，颁发此证明。

登记机构（章）

年　月　日

中华人民共和国自然资源部监制

编号NO. 00000000000

证明权利或事项	
权利人（申请人）	
义务人	
坐　落	
不动产单元号	
其　他	
附　记	

图 1-3　不动产登记证明

任务实施

1. 告知李×办理哪种类型的登记：________________________________。
2. 李×办理登记后持有的是什么证书：________________________________。

任务四　了解不动产登记线上办理

任务目标

了解不动产登记线上办理模式。

任务三中的李×是否可以线上申请办理该住房的不动产登记?

一、线上办理模式(以云南省昆明市为例)

(一)基本功能

2018年12月，昆明市不动产登记中心网站(https://bdc.km.org.cn)和“昆明不动产”微信公众号正式上线运行。昆明市自然资源部门为全面推进不动产登记便民利民工作，推进“互联网+政务服务”等重大决策部署，积极探索“外网申请、内网审核”等“互联网+不动产登记”新模式，建立了昆明市不动产登记中心网站和“昆明不动产”微信公众号，推动实体大厅向网上大厅延伸，推进网上申请、查询等服务事项。

通过昆明市不动产登记中心网站，市民可在线查询办理业务。网站功能模块有“公示公告”“网上查询”及“网上申请”等部分。“公示公告”主要用于面向社会大众发布“证书遗失证明”“证书作废公告”“抵押登记公告”“变更继承公告”“首次登记公告”“履约践诺信息公示”。

2020年10月19日，为进一步优化营商环境，大力推进“外网申请、内网审核”办理模式，遵循省级统一的标准规范体系，昆明市不动产登记中心宣布主城区启用网上登记大厅，上线“预购商品房预告登记”业务，其他业务则在试运行后逐步上线。申请人可以不再提交纸质申请材料，通过网上办事大厅上传所需材料，就可直接办理预告登记。

通过“昆明不动产”微信公众号，可在线缴纳不动产登记费。公众号提供三大类服务，即“资讯中心”“业务办理”“个人中心”。“业务办理”主要包含“证书证明验真”“首登查询”“进度查询”等。对于不动产登记费、土地出让金在线缴费功能操作，可单击“业务申报”进入网上办事页面，选择对应的业务，输入业务号就可在线缴纳。

(二)网络查询登记结果

2022年2月14日起，昆明市主城区(五华、盘龙、西山、官渡、呈贡5区及3个开发、度假区)范围内，权利人本人可注册登录“昆明不动产”微信公众号或昆明市不动产登记中心网站中的网上办事大厅申请不动产登记结果网上查询。

查询结果《昆明市不动产登记结果信息查询表》不加盖任何印章，查询表的利用方，可通过“昆明不动产”微信公众号扫描查询表中的二维码，或昆明市不动产登记门户网站(https://bdc.km.org.cn)中的网上办事大厅录入查询表编号、权利人身份信息对查询结果进行核验。

二、线上办理网站

线上办理网站如图1-4所示；网站办事指南如图1-5所示；不动产登记机构微信公众号

如图 1-6 所示。

图 1-4　线上办理网站

图 1-5　网站办事指南

图 1-6　不动产登记机构微信公众号

1. 进入线上办理网站，了解不动产登记办理流程：

____，

____。

2. 扫码关注微信公众号，进入服务大厅，了解业务办理模块：

____，

____。

自我评测习题集

一、单项选择题

1. 房屋等建筑物和森林、林木等定着物应当与其所依附的土地、海域一并登记，保持(　　)。

A. 权利主体一致　　B. 现状不变　　C. 主体不变　　D. 数量不变

2. 不动产登记涉及用途、权利人、坐落、界址、面积、权利类型等，其中(　　)为核心内容。

A. 用途　　B. 权利人　　C. 坐落　　D. 面积

3. 不动产登记由不动产所在地的(　　)人民政府不动产登记机构办理。

A. 省级　　B. 州(市)级　　C. 县级　　D. 乡镇级

4. (　　)负责指导、监督全国不动产登记工作。

A. 生态环境部　　B. 住房和城乡建设部

C. 农业农村部　　D. 自然资源部

5. 不动产权利第一次记载于不动产登记簿，这属于(　　)。

A. 首次登记　　B. 转移登记　　C. 变更登记　　D. 注销登记

6. 不动产权属发生转移，应该办理(　　)。

A. 首次登记　　B. 转移登记　　C. 变更登记　　D. 注销登记

7. 不动产权利人更名之后，应该办理(　　)。

A. 首次登记　　B. 转移登记　　C. 变更登记　　D. 注销登记

二、判断题

1. 不动产是指土地、海域及房屋、林木等定着物。(　　)

2. 不动产登记是自然资源管理的重要组成部分。(　　)

3.《不动产登记暂行条例》是依据《民法典》中物权编等法律而制定的。(　　)

4. 国家实行不动产统一登记制度。(　　)

5. 土地统计不属于不动产登记内容。(　　)

6. 不动产登记由不动产所在地的州市级人民政府不动产登记机构办理。(　　)

7. 不动产登记仅为陆地范围，不涉及海洋。(　　)

8. 昆明市宜良县某不动产办证，如果外地愿意接收，可以到红河州蒙自市登记部门申请办理。(　　)

9. 高速公路的桥梁属于不动产。(　　)

10. 某森林公园里的树木不属于不动产。(　　)

项目二 确定不动产权属

知识目标

(1)了解土地与房屋的权利内容;
(2)了解不动产确权的基本原则及相关法律规定;
(3)了解并解决不动产权属争议。

能力目标

(1)能够辨析土地所有权与使用权、房屋所有权及其他权利;
(2)能够运用基本确权方式对不动产权属进行确认;
(3)熟悉解决不动产权属纠纷的流程。

素养目标

(1)具有求真务实、公平正义、实干笃行的职业态度,对不动产权属进行确认;
(2)培养团队合作意识,在不动产权属争议调处过程中,团队成员齐心协力、共同合作。

项目介绍

不动产登记,首先要解决什么样的权利登记给谁的问题,这就必须完成不动产的权属确定工作。

不动产权属确认主要包括两种情况:一是政府根据不动产管理的需要依法对不动产权属状况进行调查、核对,确认无误的,予以确认,并颁发产权证;二是应当事人申请,对其所争议的所有权或使用权,予以裁决,确定归属。

本项目主要学习不动产(主要介绍土地和房屋)权利的类型及相关法律规定;不动产确权的基本原则;土地确权的相关规定与确权方法;土地权属争议的管辖与处理程序等。

任务一　认知不动产权利

熟悉土地与房屋的权利内容。

李×在市里某小区拥有住房一套，登记时涉及哪些权利？

一、土地产权

按照《不动产登记暂行条例》及相关法律规定，可把我国现行的土地产权体系分为土地所有权、土地使用权、抵押权、地役权以及法律规定需要登记的其他不动产权利。

（一）土地所有权

土地所有权包括国家所有和集体所有两种情况。

定义：土地所有者依法对土地实行占有、使用、收益、处分的具有支配性和绝对性的权利。土地所有权人必须在法律允许的范围内行使其权利，不得任意处置土地和侵犯他人的合法权利。

主体：我国实行土地的社会主义公有制，即全民所有制和劳动群众集体所有制。土地属于国家和农民集体所有，国家和农民集体为土地所有权的主体。

客体：土地所有权的客体即归国家或特定农民集体所有的土地。

内容：土地所有人在法律规定的范围内，对其所有土地享有的占有、使用、收益和处分的权能。

1. 国家土地所有权

（1）主体及代表。国家土地所有权由国务院代表国家行使。国务院可以通过制定行政法规或者发布行政命令授权地方人民政府或其职能部门行使国家土地所有权。国家具有占有、使用、收益和处分属于全民所有土地的权利。

（2）客体。城市市区的土地属于国家所有。在农村和城市郊区中，国家已经没收、征收、征购为国有的土地属于国家所有。

2. 集体土地所有权

(1)主体及代表。农民集体所有的土地依法属于村农民集体所有的，由村集体经济组织或者村民委员会经营、管理；已经分别属于村内两个以上农村集体经济组织的农民集体所有的，由村内各该农村集体经济组织或者村民小组经营、管理；已经属于乡(镇)农民集体所有的，由乡(镇)农村集体经济组织经营、管理。

(2)客体。

1)农村和城市郊区的土地，除由法律规定属于国家所有的以外，属于集体所有；宅基地和自留地、自留山，也属于集体所有。

2)土地改革时分给农民并颁发了土地的所有证，现在仍由村或乡农民集体经济组织或其成员使用的，属于农民集体所有。

3)根据1962年《农村人民公社工作条例修正草案》，已确定为集体所有的耕地、自留地、自留山、宅基地、山林、水面和草原等，实施此“六十条”时确定为集体所有的土地，属农民集体所有。

4)《确定土地所有权和使用权的若干规定》中第二十一条规定：“农民集体连续使用其他农民集体所有的土地已满二十年的，应视为现使用者所有；连续使用不满二十年，或者虽满二十年但在二十年期满之前所有者曾向现使用者或有关部门提出归还的，由县级以上人民政府根据具体情况确定土地所有权。”

5)土地所有权有争议，不能依法证明争议土地属于农民集体所有的，属于国家所有。

(二)土地使用权

土地使用权可分为国有土地使用权和集体土地使用权。

1. 国有土地使用权

(1)主体。境内外法人、非法人组织和自然人可依法取得国有土地使用权，他们都可成为国有土地使用权的主体。

(2)取得。国有土地使用者可以通过出让、租赁和划拨等方式取得国有建设用地、农用地或未利用地的土地使用权；外商投资企业场地使用权和城市私房用地使用权，可以按照法律、行政法规规定的特殊方式取得；土地使用者也可以依法通过承包经营方式取得国有农用土地(含可开发为农用地的未利用土地)的使用权。

(3)内容与限制。国有土地使用权人对国有土地享有占有权和使用权，并依取得方式不同享有不同的收益权和处分权。不得擅自改变土地用途。

2. 集体土地使用权

(1)主体。农村集体经济组织及其成员，农村集体经济组织投资设立的企业，乡镇、村公益性组织及法律、行政法规规定的其他单位和个人，可以依法取得集体土地使用权。

(2)分类和取得。集体土地按用途划分有集体农用地和集体建设用地，那么集体土地使用权有集体农用地使用权和集体建设用地使用权。

1)集体农用地使用权一般通过承包经营的方式取得。通过这种方式取得的集体土地使用权，也称为土地承包经营权。其包括家庭土地承包经营权和四荒地承包经营权。在土地利用过程中，土地承包经营权人应当维持土地的农业用途，不得用于非农建设，禁止占用耕地建窑、建坟或者擅自在耕地上建房、挖砂、采石、采矿、取土等，禁止占用基本农田发展林果业和挖塘养鱼。

2)集体建设用地使用权主要包括乡镇企业用地、乡村公益事业用地、集体经营性建设用地和宅基地使用权。

(3)内容与限制。集体土地使用权人对集体土地享有占有权、使用权。依土地用途的不同和权利取得方式的不同，享有不同的收益权、处分权。

(三)抵押权

抵押权是指土地使用权人依照法律规定，不转移抵押土地的占有，向债权人提供一定的土地作为清偿债务的担保所产生的担保物权，当债务人不履行债务时，债权人有权依法以土地折价或者以变卖该抵押土地所得的价款优先受偿。

土地使用权抵押时，其地上建筑物、其他附着物随之抵押；地上建筑物、其他附着物抵押时，使用范围内的土地使用权随之抵押。

(四)地役权

地役权是所有权人或使用权人为了使用自己土地的便利，按照合同约定而使用他人土地的权利。

在地役权中，需役地人是为自己不动产的便利而使用他人土地的一方，供役地人是将自己的不动产供他人使用的一方。地役权的发生以需役地和供役地同时存在为前提。

二、房屋产权

我国现行的房屋产权体系包括房屋所有权和房屋他物权。

(一)房屋所有权

1. 房屋所有权的概念

房屋所有权是指房屋所有者依法对房屋实行占有、使用、收益、处分的具有支配性和绝对性的权利。与土地所有权一样，房屋所有权人也必须在法律允许的范围内行使其权利。

就权利而言，房屋所有权具体体现为房屋所有人在法律规定的范围内，对其所有房屋享有的占有、使用、收益和处分的权能；就义务而言，房地产的各项权能都要受到国家法律的限制。我国现行法律规定，公有房屋不得擅自买卖；严禁以城市私有房屋进行投机活动；房地产开发、建设，不得违反建筑工程规划许可证的规定；城市房屋在城市改造规划实施范围内的，在国家建设征收土地范围内的，以及其他禁止转移、变更的，禁止产权转移或设定他物权等。

在我国，房屋产权制度与土地产权制度不同，房屋可以是私人所有，也可以是集体或国家所有，还可以是单位法人所有。所以，房屋作为财产，可以依法分为国家所有、集体所有、私人所有和其他类型主体所有。

房屋所有权的取得分为原始取得与继受取得，具体方式为新建(依法)、没收(剥夺或没收违法建筑)、收归国有(无主房屋)、承继(旧中国的归新中国)、添附(原有房屋扩建、加

层)、买卖、互易、赠予、继承、直接划拨(土改时期，特殊)等。房屋灭失是指通过某种法律事实而使房屋所有权丧失或与原房屋所有人脱离的一种法律现象，具体方式为房屋因自然灾害拆除、转让、法律强制手段，主体灭失如公民死亡或法人解散等。

2. 建筑物区分所有权

现代社会大量高层或多层楼房的出现，带来了同一栋建筑物上存在多个所有权的情形。建筑物区分所有权是指业主对建筑物内的住宅、经营性用房等专有部分享有所有权，对专有部分以外的共有部分享有共有和共同管理的权利。

业主对其建筑物专有部分享有占有、使用、收益和处分的权利。业主行使权利不得危及建筑物的安全，不得损害其他业主的合法权益。

业主对建筑物专有部分以外的共有部分，享有权利，承担义务；不得以放弃权利为由不履行义务。业主转让建筑物内的住宅、经营性用房，其对共有部分享有的共有和共同管理的权利一并转让。

建筑区划内的道路，属于业主共有，但是属于城镇公共道路的除外。建筑区划内的绿地，属于业主共有，但是属于城镇公共绿地或者明示属于个人的除外。建筑区划内的其他公共场所、公用设施和物业服务用房，属于业主共有。

建筑区划内，规划用于停放汽车的车位、车库的归属，由当事人通过出售、附赠或者出租等方式约定。占用业主共有的道路或者其他场地用于停放汽车的车位，属于业主共有。

建筑区划内，规划用于停放汽车的车位、车库应当首先满足业主的需要。

3. 房屋按产权分类

按产权分类，房产可分为直管房产、自管房产、军产及其他房产。

(1)直管房产。直管房产是指由政府接管，国家经租、收购、新建、扩建的房产(房屋所有权已划拨给单位的除外)，大多数由政府房地产管理部门直接管理、出租、维修，少部分免租拨借给单位使用。

(2)自管房产。自管房产是指国家划拨给全民所有制单位所有的房产及全民所有制单位自筹资金购建的房产。

(3)军产。军产是指部队所有的房产，包括由国家划拨的房产、利用军费开支或军队自筹资金购建的房产。

(4)其他房产。其他房产可分为以下五类。

1)联营企业房产。联营企业房产是指不同所有制性质的单位之间共同组成新的法人型经济实体所投资建造、购买的房产。

2)股份制企业房产。股份制企业房产是指股份制企业所投资建造、购买的房产。

3)港澳台投资房产。港澳台投资房产是指港澳台地区投资者以合资、合作或独资在祖国大陆举办的企业所投资建造、购买的房产。

4)涉外房产。涉外房产是指中外合资经营企业、中外合作经营企业，以及外资企业、外国政府、社会团体、国际性机构所投资建造、购买的房产。

5)其他房产。凡不属于以上各类别的房屋，都归在其他房产。其包括因所有权人不明，由政府房地产管理部门、全民所有制单位、军队代为管理的房屋及宗教、寺庙等房屋。

（二）房屋他物权

房屋他物权是指除房屋所有权外的房屋其他权利。房屋他物权的实质是对其所有权人和使用权人行使所有权和使用权的一种限制，如抵押权、租赁权。

(1)主体。房屋所有权人、使用权人以外与其存在着某种法律关系的民事主体。

(2)客体。他人房屋所有权、使用权的客体。

土地、房屋涉及的不动产权利体系内容如图 2-1 所示。

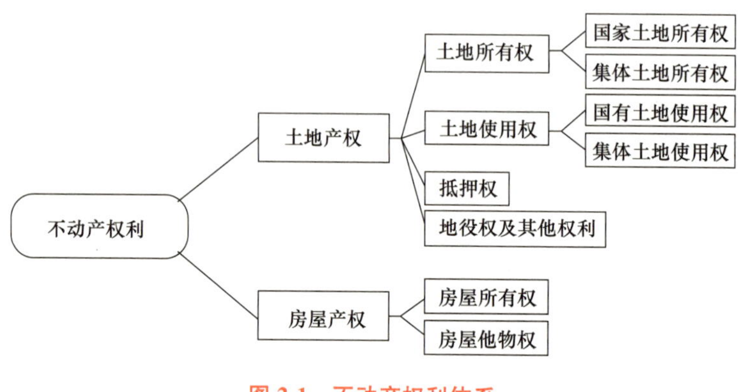

图 2-1　不动产权利体系

任务实施

对上述李×的住房进行登记，涉及的不动产权利有：

____，

____，

____，

____。

子任务一

判断土地权利

以下涉及土地的什么权利？

(1)昆明市甲县乙镇 A 村 C 村民小组在乙镇大黑山拥有一宗集体土地，C 村民小组现申请不动产登记。

(2)云南省 A 房地产开发公司与国家土地管理机关签订了《国有建设用地使用权出让合同》，取得一块城镇住宅用地的 70 年期建设用地使用权，A 公司现申请不动产登记。

(3)云南省 A 房地产开发公司与国家土地管理机关签订了《国有建设用地使用权出让合同》，取得一块城镇住宅用地的 70 年期建设用地使用权，并取得了相应的土地使用证。

A 公司因资金短缺，拟用该宗地的土地使用权做抵押向银行贷款，现 A 公司和银行共同申请抵押登记。

子任务二

判断房屋权利

以下涉及房屋的什么权利?

(1) 张×于 2022 年 10 月 5 日在昆明市××区美好苑购买了 128 m^2 的二手房屋一套，于 11 月 1 日前往不动产登记中心申请登记。

(2) 张×在取得上述房屋的不动产权证书后，于 2023 年 1 月 5 日与某银行西苑路支行签订了抵押借款协议。1 月 8 日，双方去不动产登记中心共同申请登记。

(3)张×以上述房屋抵押后借得款项 150 万元，在美好苑一层租赁商铺一间，用以售卖茶叶。美好苑物业与张×于 1 月 20 日前去不动产登记中心共同申请登记。

任务二　认知不动产确权基本原则

任务目标

理解不动产权属确定的基本原则。

任务导入

李×在市里某小区拥有住房一套，依据哪些基本原则来确定不动产的权属?

知识链接

一、产权法定原则

确权机关必须遵守宪法、法律、行政法规、地方性法规、单行条例有关土地确权的规定。产权法定原则要求既要遵循实体法，又要遵循程序法，违反实体法或程序法，都将构成对产权法定原则的破坏。

法律依据包括以下几项：

(1)全国人大及其常委会参与制定的法律，主要包括《中华人民共和国宪法》(以下简称

《宪法》)、《中华人民共和国土地管理法》(以下简称《土地管理法》)、《中华人民共和国城市房地产管理法》(以下简称《城市房地产管理法》)等。

(2)法规，包括《中华人民共和国土地管理法实施条例》(以下简称《土地管理法实施条例》)、《中华人民共和国城镇国有土地使用权出让和转让暂行条例》等行政法规和各省(自治区、直辖市)制定的地方法规。

(3)部门规章、地方规章，以及相关政策性文件。

(4)最高人民法院的司法解释。

在不动产确权工作中，可以作为确权依据的事实依据包括当事人依法达成的协议；县级以上人民政府的批准文件、处理决定；县级以上自然资源行政主管部门的调解书；人民法院生效的判决、裁定和调解书；生效的遗嘱；土地出让合同、人民政府颁发的房产证明；土地详查形成的土地权属协议书、认定书；土地利用现状调查资料、城镇地籍调查资料；新中国成立之后双方签订的土地、山林等权属或界线的协议等。

二、合理性原则

不动产确权决定内容要客观、适度、符合理性，即不动产确权行为的动因应符合行政目的，应建立在正当考虑的基础上，内容应合乎情理。坚持合理性原则既有利于保障行政权力合法行使，也有利于维护公民、个人、组织的合法权益。

三、城市土地属国家所有的原则

《土地管理法》明确规定：“城市市区的土地属于国家所有。”

四、国家土地所有权不可逆转原则

国有土地可以由农民集体长期使用，但不能因此而改变土地所有权性质。对于国家建设征收后，由于各种原因又退还给原农民集体使用的土地，其国有土地的性质不得改变。

五、尊重历史面对现实处理土地权属问题的原则

我国土地所有权制度经历了几次大的调整，各地的情况千差万别，土地权属状况十分复杂，致使土地权属纠纷不断，使土地确权工作面临相当大的难度。因此，在确权工作中，必须坚持尊重历史和现实、分阶段处理的原则，即既要根据当时的历史条件和政策，又要充分考虑当前土地使用的实际状况，正确处理国家与集体、集体与集体、单位与个人之间的关系。

任务实施

对李×的住房进行确权，依据的原则有：

____，

____，

____，

____。

任务三　认知土地确权规定

任务目标

理解土地确权的法律规定。

任务导入

某村民刘××于2022年在村里取得了一块面积为145.64 m^2的宅基地，依法如何确定土地的权属？

知识链接

不动产确权主要是确认土地权利的归属，土地权属确认之后，其他的不动产如房屋权属就很容易辨识。确定土地权属，首先要判断所有权归属，然后判断使用权主体。

一、国有土地和集体土地的确定

城市市区外土地是归国家所有还是归集体所有的确定十分复杂，需要先清楚两个问题：第一，判断该土地是否曾经被确定为集体所有；第二，考察曾经被确定为集体所有的土地，其后的所有权性质有没有发生变化。判定依据如下：

(1)土改中是否颁发土地所有证是划分国家所有土地与集体所有土地的重要依据。

中华人民共和国成立后，我国进行的土地制度改革，废除了封建土地所有制，实行农民土地私有制，颁发了土地所有证，依法确认了农民对土地的私有财产权，土地所有证成为入社之前私有土地的证明和可以入社成为集体土地的法律依据。土地改革完成后没有颁发土地所有证的土地，应确定为国家所有，由农民个人使用的国有土地及未分配给农民私有的土地，土地的所有权仍属于国家。

(2)农业合作化时期土地入社和实施《农村人民公社工作条例修正草案》时土地已确定为集体所有是确定集体所有权的主要依据。土改中颁发的土地所有证是农民私有土地转为合作社集体所有的法律凭证，在农业合作化时期土地是否入社是确定土地所有权是否归集体所有的关键。

(3)20世纪50年代存在的公有土地归国家所有，但颁发了土地所有证的，归农民集体所有。

(4)以是否征用作为划分国家土地所有权与集体土地所有权的标志。中华人民共和国成立以来，我国颁布的有关法律法规均对征用后土地的权属作出了明确的规定，是否经征用是确定土地归集体所有的重要依据。

(5)《农村人民公社工作条例修正草案》公布时起至1982年5月《国家建设征用土地条例》公布时止，全民所有制单位、城市集体所有制单位使用的原农民集体所有的土地，有下列情形之一的，属于国家所有：

1)签订过土地转移等有关协议的。

2)经县级以上人民政府批准使用的。

3)进行过一定补偿或安置劳动力的。

4)接受农民集体馈赠的。

5)已购买原集体所有的建筑物的。

6)农民集体所有制企事业单位转为全民所有制或者城市集体所有制单位的。

(6)国家土地所有权推定原则。《确定土地所有权和使用权的若干规定》第十八条规定："土地所有权有争议，不能依法证明争议土地属于农民集体所有的，属于国家所有。"根据民法理论中著名的"无主地属于国有"的原则，在无法确定国家土地所有权与集体土地所有权界限时，集体负有举证责任，如果集体不能证明该宗土地为集体所有，则推定该宗地属于国家所有。

二、集体所有土地的权属确定

(一)集体土地所有权客体的确定

依据《宪法》《民法典》及《土地管理法》的规定，农村和城市郊区的土地，除由法律规定属于国家所有的外，属于农民集体所有；宅基地和自留地、自留山，属于农民集体所有。集体土地所有权的客体主要包括以下几项：

(1)土地改革时分给农民并颁发了土地所有证的土地及实施《农村人民公社工作条例修正草案》时确定为集体所有的土地。

(2)土改时已分配给农民所有的原铁路用地和新建铁路两侧、县级以下公路两侧保护用地和公路其他用地、水利工程管理和保护范围内等未经征用的农民集体所有的土地，以及国有电力通信杆塔占用农民集体的土地而未办理征用手续的，仍属于农民集体所有。

(3)农民集体连续使用其他农民集体所有的土地已满20年的，应视为现使用者所有；连续使用不满20年，或者虽满20年但在20年期满前所有者曾向现使用者或有关部门提出归还的，由县级以上人民政府根据具体情况确定土地所有权。

(4)农民集体经依法批准以土地使用权作为联营条件与其他单位或个人举办联营企业的，或者农民集体经依法批准以集体所有的土地的使用权作价入股，举办外商投资企业和内联乡镇企业的，集体土地所有权不变。

(5)1986 年 3 月中共中央、国务院发布《关于加强土地管理、制止乱占耕地的通知》之前，全民所有制单位、城市集体所有制单位租用农民集体所有制土地，按照有关规定处理后，能恢复耕种的，退还农民集体耕种，所有权仍属农民集体。

(二)集体之间土地所有权界限的确定

(1)村农民集体所有的土地，按目前该村农民集体实际使用的本集体土地所有权界线确定所有权。

(2)乡(镇)或村在集体所有的土地上修建并管理的道路、水利设施用地，分别属于乡(镇)或村农民集体所有。

(3)乡(镇)或村办企事业单位使用的集体土地，《农村人民公社工作条例修正草案》公布以前使用的，分别属于该乡(镇)或村农民集体所有。

(4)1982 年国务院《村镇建房用地管理条例》发布时起至 1987 年《土地管理法》开始施行时止，乡(镇)、村办企事业单位违反规定使用的集体土地按照有关规定清查处理后，乡(镇)村集体单位继续使用的，可确定为该乡镇或村集体所有。

(5)乡(镇)企业使用本乡(镇)、村集体所有的土地，依照有关规定进行补偿和安置的，土地所有权转为乡(镇)农民集体所有。经依法批准的乡(镇)、村公共设施、公益事业使用的农民集体土地，分别属于乡(镇)、村农民集体所有。

三、国有土地使用权的确定

我国国有土地使用权的主体十分广泛，不仅包括中国公民和法人组织，还包括外国公民和非法人组织；不仅包括城镇居民，还包括农村村民。

国有土地使用权的取得方式多种多样，包括出让、划拨、租赁、作价(出资)入股与解放初期的接收、沿用等，以及土地使用者依法转让、继承、接受地上建筑物等方式取得国有土地使用权。

(一)确定国有土地使用权的一般性情况

(1)土地使用者经国家依法划拨、出让或解放初期接收、沿用，或通过依法转让、继承、接受地上建筑物等方式使用国有土地的，可确定其国有土地使用权。

(2)土地公有制之前，通过购买房屋或土地及租赁土地方式使用私有的土地，土地转为国有后迄今仍继续使用的，可确定现使用者国有土地使用权。

(3)因原房屋拆除、改建或自然坍塌等原因，已经变更了实际土地使用者的，经依法审核批准，可将土地使用权确定给实际土地使用者；空地及房屋坍塌或拆除后两年以上仍未恢复使用的土地，由当地县级以上人民政府收回土地使用权。

(4)未按规定用途使用的国有土地，由县级以上人民政府收回重新安排使用，或者按有关规定处理后确定使用权。

(5)1987 年 1 月《土地管理法》施行之前重复划拨或重复征用的土地，可按目前实际使用情况或者根据最后一次划拨或征用文件确定使用权。

(二)关于铁路、公路、水利、电力、军队等使用国有土地的情况

(1)军事设施用地(含靶场、试验场、训练场)依照解放初土地接收文件和人民政府批准征用或划拨土地的文件确定土地使用权。

国家确定的保留或地方代管的军事设施用地的土地使用权确定给军队，现由其他单位使用的，可依照有关规定确定为他项权利。

经国家批准撤销的军事设施，其土地使用权依照有关规定由当地县级以上人民政府收回并重新确定使用权。

(2)依法接收、征用、划拨的铁路线路用地及其他铁路设计用地，现仍由铁路单位使用的，其使用权确定给铁路单位。铁路线路路基两侧依法取得使用权的保护用地，使用权确定给铁路单位。

(3)国家水利、公路设施用地依照征用、划拨文件和有关法律、法规划定用地界线。

(三)关于宗教活动用地使用国有土地的情况

原宗教团体、寺观教堂宗教活动用地，被其他单位占用，原使用单位因恢复宗教活动需要退还使用的，应按有关规定予以退还。确属无法退还或土地使用权有争议的，经协商、处理后确定土地使用权。

(四)关于农民集体使用的国有土地

农民集体使用的国有土地，其使用权按县级以上人民政府主管部门审批、划拨文件确定；没有审批、划拨文件的，依照当时规定补办手续后，按使用现状确定。

四、集体土地使用权的确定

集体土地可分为集体农用地、集体建设用地和集体未利用地。按照这一分类，使用集体土地的使用者享有的集体土地使用权包括集体农用土地使用权和集体建设用地使用权两类。

(一)确定集体农用土地使用权

农民集体所有并依法由农民集体使用的耕地、林地、草地及其他农业用地，应当采取农村集体经济组织内部的家庭承包方式承包。对不宜采取家庭承包方式的荒山、荒沟、荒丘、荒滩等土地，可以采取招标、拍卖、公开协商等方式承包，用于种植业、林业、畜牧业、渔业生产。家庭承包的耕地承包期为三十年，草地承包期为三十年至五十年，林地承包期为三十年至七十年；耕地承包期届满后自动延长三十年，草地、林地承包期届满后依法相应延长。

(二)确定农村居民宅基地建设用地使用权

(1)1982 年 2 月国务院发布《村镇建房用地管理条例》之前农村居民建房占用的宅基地，

超过当地政府规定的面积，在《村镇建房用地管理条例》施行后未经拆迁、改建、翻建的，可以暂按现有实际使用面积确定集体建设用地使用权。

(2)1982 年 2 月《村镇建房用地管理条例》发布时起至 1987 年 1 月《土地管理法》开始施行时止，农村居民建房占用的宅基地，其面积超过当地政府规定标准的，超过部分按 1986 年3 月中共中央、国务院《关于加强土地管理、制止乱占耕地的通知》及地方人民政府的有关规定处理后，按处理后实际使用面积确定集体建设用地使用权。

(3)符合当地政府分户建房规定而尚未分户的农村居民，其现有的宅基地没有超过分户建房用地合计面积标准的，可按现有宅基地面积确定集体建设用地使用权。

(4)非农业户口居民(含华侨)原在农村的宅基地，房屋产权没有变化的，可依法确定其集体土地建设用地使用权。房屋拆除后没有批准重建的，土地使用权由集体收回。

(5)接受转让、购买房屋取得的宅基地，与原有宅基地合计面积超过当地政府规定标准，按照有关规定处理后允许继续使用的，可暂确定其集体土地建设用地使用权。继承房屋取得的宅基地，可确定集体土地建设用地使用权。

(6)空闲或房屋坍塌、拆除两年以上未恢复使用的宅基地，不予确定土地使用权。已经确定使用权的，由集体报经县级人民政府批准，注销其土地登记，土地由集体收回。

(三)确定乡村企事业建设用地使用权

(1)乡(镇)村办企业事业单位和个人依法使用农民集体土地进行非农业建设的，可依法确定使用者集体土地建设用地使用权。对多占少用、占而不用的，其闲置部分不予确定使用权，并退还农民集体，另行安排使用。

(2)农民集体经依法批准以土地使用权作为联营条件与其他单位或个人举办联营企业的，或者农民集体经依法批准以集体所有的土地的使用权作价入股，举办外商投资企业和内联乡镇企业的，集体土地所有权不变。

(四)确定集体经营性建设用地使用权

(1)土地利用总体规划、城乡规划确定为工业、商业等经营性用途，并经依法登记的集体经营性建设用地，土地所有权人可以通过出让、出租等方式交由单位或者个人使用，并应当签订书面合同，载明土地界址、面积、动工期限、使用期限、土地用途、规划条件和双方其他权利义务。

(2)集体经营性建设用地出让、出租等，应当经本集体经济组织成员的村民会议三分之二以上成员或者三分之二以上村民代表的同意。

(3)通过出让等方式取得的集体经营性建设用地使用权可以转让、互换、出资、赠予或者抵押，但法律、行政法规另有规定或者土地所有权人、土地使用权人签订的书面合同另有约定的除外。

(4)集体经营性建设用地的出租，集体建设用地使用权的出让及其最高年限、转让、互换、出资、赠予、抵押等，参照同类用途的国有建设用地执行。具体办法由国务院制定。

(5)集体建设用地的使用者应当严格按照土地利用总体规划、城乡规划确定的用途使用土地。

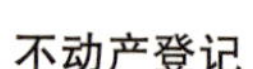

对村民刘××在村里的这块宅基地，确定土地权属时涉及的规定有：

____，

____。

子任务一

判断土地权属

2016年，国家在A县C乡修建龙江水库，被淹没的D村民小组因此搬迁至相邻异地F镇安置，D村民小组集体原有位于C乡的10 hm^2（1 hm^2＝15亩＝10 000 m^2）土地，其中8.5 hm^2经国家征收为水库用地。

2023年，水库建成。D村民小组原在C乡还有1.5 hm^2土地未被水库占用，其中1 hm^2为农业用地由D村民小组继续耕种，0.5 hm^2属未利用地。

这1.5 hm^2土地如何确权？

子任务二

判断土地权属

D县的A村民小组从1985年开始使用C村民小组集体所有的一宗土地，位于323国道西山坡东侧，面积0.67 hm^2，用于建设A村的砖厂。双方当时签订了土地使用协议，但没有明确使用期限。到2015年，该宗地一直为A村民小组所使用，其间C村民小组也未向现使用者或有关部门提出归还该宗地。

2023年，C村民小组更换了新的领导，需要土地发展C村的乡镇企业项目，提出要将该宗地收回。

这0.67 hm^2 土地如何确权？

子任务三

判断土地权属

1959年，某铁路单位开始使用位于A县E乡东山坡、距离铁路线路较远的0.33 hm^2 国有土地。1980年，该铁路单位搬迁至C县，这0.33 hm^2 土地交给了关系较好的D村委会建盖砖厂。

2023年，该铁路单位驻地几经调整，又搬回到A县，希望收回上述0.33 hm^2 土地。

这0.33 hm^2 土地如何确权？

子任务四

判断土地权属

1980 年，某村小组 E 村民开始使用本村小组集体所有的 400 m^2 土地用于自家宅基地，至今未变(1999 年该省出台宅基地用地面积规定不超过 150 m^2/户)。

2023 年，E 村民申请确权办证。

这 400 m^2 土地如何确权?

子任务五

判断土地权属

2001 年，某村小组 F 村民开始使用本村小组集体所有的 250 m^2 土地用于自家宅基地，至今未变(1999 年该省出台宅基地用地面积规定不超过 150 m^2/户)。

2023 年，F 村民申请确权办证。

这 250 m^2 土地如何确权?

子任务六

判断土地权属

2011 年，某村小组 G 村民开始使用本村小组集体所有的 125 m^2 土地用于自家宅基地，但未办证。2016 年，G 的户口迁入城市(1999 年该省出台宅基地用地面积规定不超过 150 m^2/户)。

在村里的房地至今未变。2023 年，G 村民申请确权办证。

这 125 m^2 土地如何确权?

子任务七

判断土地权属

1980 年，某村小组 H 村民开始使用本村小组集体所有的 120 m^2 土地用于自家宅基地，2015 年办理了房地的产权证。独子 I 于 2016 年考入某大学，毕业后留在当地并在市里买房落户。2023 年，H 病故，I 申请对 H 遗留的房地产办证。

这 120 m^2 土地如何确权?

任务四　认知房屋取得方式

任务目标

分别说明取得房屋的不同形式。

任务导入

某村民刘××于2022年在村里取得了一块面积为145.64 m^2的宅基地，并于2023年自建了住房131.10 m^2，依法如何确定房屋的权属？

知识链接

依据我国法律规定，房屋产权可以通过购买、建设、受赠、抵押和继承五种形式取得。

一、购买取得

购买取得是人们取得产权的一种主要形式。在购买房屋时应注意以下问题：第一，应考察所购房屋是否合法，有关手续是否齐全，卖房人是否有合法身份；第二，应与卖房人签订购房合同，在合同中应详细地写明房屋的地理位置、购买方式、价款、付款方式、双方的权利义务等条款；第三，应及时到不动产登记部门办理登记、过户手续。

二、建设取得

建设取得是房屋产权的一种原始取得形式，是指建设者通过投入资金建造房屋，从而对其所建房屋享有产权的法律事实。通过建设而取得产权的，在产权取得前或建设过程中应注意下列问题：第一，应注意建设用地的合法性，即是否经有关部门批准；第二，应注意有关手续的合法性，即是否有立项、规划、开工等手续；第三，应注意房屋质量是否合格，即是否有质量检验合格单。如果上述应注意的方面有问题，则建设者不一定能取得产权。

三、受赠取得

受赠取得是指原产权人通过赠予行为，将房屋赠送给受赠人。在办理房屋赠予手续时，赠予人与受赠人应签订书面赠予合同，并到房管部门办理过户手续。如果赠予人为了逃避其应履行的法定义务而将自己的房屋赠予他人时，利害关系人主张权利的，该赠予行为无效。

四、抵押取得

房产抵押是指抵押人将其合法的房产以不转移占有的方式向抵押权人提供债务履行担保的行为。由于抵押是一种担保行为，当债务人不履行债务时，则抵押权人有优先受偿权。通过这种方式取得产权时，应注意以下几点：第一，抵押人与抵押权人应订立书面合同；第二，应当到有关部门办理抵押登记手续；第三，应当注意抵押房地产的合法性；第四，如果抵押到期，债务人不能履行债务，则应根据抵押合同的有关条约，办理有关手续。

五、继承取得

《民法典》继承编中，房屋被明确列为遗产范围。所谓房屋继承，是指被继承人死亡后，其房产归其遗嘱继承人或法定继承人所有。因此，只有被继承人的房屋具有合法产权才能被继承。当继承发生时，如果有多个继承人，则应按遗嘱及有关法律规定进行析产，并持原产权证、遗嘱等资料到主管部门办理过户手续。

任务实施

对该村民刘××在宅基地上自建的房屋，确定房屋权属时涉及的规定有：

____，

____，

____，

____，

____，

____。

子任务一

判断房屋权属

余×于2022年12月在昆明市××小区购买了一套二手房，位于某栋某单元的顶层。该小区属于昆明市的老旧小区，空间较为狭小，楼顶种花、修建假山鱼池的情况很常见，由此也导致顶楼的房价相较其他楼层更高。余×购买房屋以后，打开了楼顶天台的门，种花修建鱼池假山。但不久楼下住户发现后，对余×进行了投诉，认为余×的做法给大家带来了安全隐患，要求其拆除。余某不服，认为自己并非在公共空间进行上述活动，而是在自家楼顶！双方产生了争执。

对此如何确权？

子任务二

判断房屋权属

张×与袁×在同一小区购买了房屋，张×买的是一楼做商用的门面房，袁×买的是张某上方二楼的住房。2023年2月，袁×在自己二楼住房的外墙面上帮助好友悬挂广告牌。张×认为二楼外墙的广告影响了其在一楼的生意，要求袁×拆除广告牌，双方产生了争执。

对此如何确权？

任务五　调处土地权属争议

任务目标

分析解决土地权属争议的要求。

任务导入

某村民甲、乙声称某块宅基地归自己使用，双方产生争议，管理部门调处争议的程序是什么？

知识链接

土地权属争议（土地纠纷）是指因土地所有权或土地使用权归属问题而发生的争议。具体地说，土地权属争议也是指两个以上单位或个人同时对未经确权的同一块土地各据理由主张权属，根据各方理由难以解决的土地权属矛盾。

一、土地权属争议的类型

（一）按照土地权属争议当事人的特征

（1）国有企业、国家行政事业单位、城市集体单位及其他使用国有土地的单位之间的国有土地使用权争议。

（2）农民集体与非农民集体单位之间的土地权属争议。

（3）农民集体之间的土地权属争议，包括集体土地所有权争议和部分国有土地使用权争议。

(4)单位与个人、个人与个人之间的土地权属争议，包括国有土地使用权争议和集体建设用地使用权争议。

(二)按照土地权属争议的起因

(1)因相邻单位或个人之间权属界线不清发生的土地权属争议。
(2)因实地面积与批准面积不一致引起的土地权属争议。
(3)因用地手续不完备引起的土地权属争议。
(4)因有关补偿、安置等措施未落实而引起的土地权属争议。
(5)由于国家政策变动引起的土地权属争议。
(6)因土地租赁、借用或者重复征用、划拨等引起的土地权属争议。

(三)按照土地权属争议的时间

(1)历史遗留问题。一般包括 1982 年《宪法》及《国家建设征用土地条例》和《村镇建房用地管理条例》施行以前形成的土地权属问题，其间又以 1962 年《农村人民公社工作条例修正草案》公布为界分为两个阶段。
(2)1982 年至 1987 年《土地管理法》实施期间产生的土地权属问题。
(3)1987 年以后发生的土地权属问题。

(四)按照土地权属争议的内容

(1)土地所有权争议，包括国家土地所有权和集体土地所有权争议，即国家与农民集体之间、农民集体与其他农民集体之间的土地所有权争议。
(2)土地使用权争议，包括国有土地使用者之间、集体建设用地使用者之间的土地权属争议。

二、土地权属争议的管辖

(1)县级人民政府自然资源管理部门受理下列土地权属争议案件：
1)个人之间、个人与单位之间、单位与单位之间发生的土地权属争议案件(也可由乡级人民政府受理和处理。但需要重新确认所有权和使用权的，应由县级人民政府确认)。
2)跨乡级行政区域的土地权属争议案件。
3)同级人民政府和上级人民政府自然资源部门交办的土地权属争议案件。
(2)自治州、设区的市级人民政府自然资源管理部门受理下列土地权属争议案件：
1)跨县级行政区域的土地权属争议案件。
2)同级人民政府和上级人民政府自然资源部门交办的土地权属争议案件。
(3)省、自治区、直辖市人民政府自然资源管理部门受理下列土地权属争议案件：
1)跨设区的市、自治州行政区域的土地权属争议案件。
2)本行政区域内有较大影响的土地权属争议案件。
3)同级人民政府和国家自然资源部门交办的土地权属案件。
(4)自然资源部受理下列土地权属争议案件：

1)全国有较大影响的土地权属争议案件。

2)国务院交办的土地权属争议案件。

三、土地权属争议的处理程序

土地行政主管部门受理和处理土地权属争议案件的具体工作程序，包括土地权属争议案件的申请、受理、调查、调解和处理等过程。

(一)土地权属争议案件的申请

土地权属争议案件的申请是指土地权属争议申请人要求自然资源行政主管部门接受处理土地权属争议的行为。申请是自然资源行政主管部门处理土地权属争议的先决条件。但人民政府交办的土地权属争议案件，自然资源行政主管部门应直接承办，不需当事人申请。

当事人可以依法向有管辖权的行政机关提出确权申请。申请处理土地权属争议应提交书面申请书和有关证据材料，并按对方当事人数量提交副本。申请书应当载明下列事项：

(1)申请人和对方当事人的姓名、性别、年龄、工作单位、地址，法人代表的姓名、职务。

(2)请求的事项、事实、理由。

(3)有关证据。

(4)证人的姓名、工作单位、住址。

(二)土地权属争议案件的受理

土地权属争议案件的受理是指县级以上自然资源行政主管部门或乡级以上人民政府依照争议管辖的规定对申请人的申请决定收案审理的行为。

对申请人提出的土地权属争议调查处理的申请，自然资源行政主管部门应当在收到申请书之日起 7 个工作日内提出是否受理的意见。认为应当受理的，在决定受理之日起 5 个工作日内将申请书副本发送被申请人。被申请人应当在接到申请书副本之日起 30 日内提交答辩书和有关证据材料。逾期不提交答辩书的，不影响案件的处理。

下列案件不作为争议案件受理：

(1)土地侵权案件。

(2)行政区域边界争议案件。

(3)土地违法案件。

(4)农村土地承包经营权争议案件。

(5)其他不作为土地权属争议的案件。

(三)土地权属争议案件的调查

土地权属争议案件的调查是指由自然资源行政主管部门指定的承办人，对争议事实进行查证的行为。案件调查的目的是弄清楚案件事实。

自然资源行政主管部门对当事人提供的证据必须查证，属实的，作为认定事实的根据。

处理土地权属争议以下列资料为依据：

(1)人民政府颁发的土地证书。

(2)人民政府批准土地占用、划拨、出让的文件。

(3)争议双方当事人依法达成的书面协议。

(4)司法机关历史上已做出的处理争议的法律文件。

(5)人民政府处理争议的文件。

(6)人民政府依法批准的农民建房用地文件。

(四)土地权属争议案件的调解

土地权属争议案件的调解是指在查明事实、分清权属关系和双方自愿的基础上，通过说服教育和劝导协商达成解决纠纷的协议。

调解达成协议的，自然资源行政主管部门应当制作调解书。调解书应当载明请求的事项、主要事实、协议内容和其他有关事项。调解书经当事人签名或盖章，承办人员署名并加盖自然资源行政主管部门的印章后，即具有法律效力，作为土地登记的依据。

(五)土地权属争议案件的处理

土地权属争议案件的处理是指自然资源行政主管部门对受理的土地权属争议，在查清事实的基础上，提出自己的处理意见并报人民政府做出处理决定的行为。

处理决定包括以下内容：

(1)当事人的姓名或名称、性别、年龄、工作单位，法人代表的姓名、职务、地址。

(2)争议的事实、理由、要求。

(3)处理认定事实和适用依据。

(4)处理结果。

(5)不服处理决定申请行政复议或提起行政诉讼期限和途径。

调解无效，才需要进行处理。自然资源行政主管部门应当自受理土地权属争议之日起6个月内提出调查处理意见。因情况复杂，在规定时间内不能提出调查处理意见的，经该自然资源行政主管部门的主要负责人批准，可以适当延长。

任务实施

针对村民甲与乙之间的宅基地权属争议，调处程序如下：

____，

____，

____。

子任务

调处土地权属争议

D县的A村民小组从1985年开始使用C村民小组集体所有的一宗土地，位于323国道西山坡东侧，面积为 0.67 hm^2，用于建设 A 村的砖厂。双方当时签订了土地使用协议，但没有明确使用期限。到 2022 年，该宗地一直为 A 村民小组所使用，其间 C 村民小组也未向现使用者或有关部门提出归还该宗地。

现在，C 村民小组更换了新的领导，需要土地发展 C 村的乡镇企业项目，提出要将该宗地收回并办理产权证书，但 A 村民小组认为应由自己办理产权证书。

双方由此产生了争议。

写出 A 村申请处理土地权属争议的申请书，自然资源部门出具的土地权属争议调解书。

附 1：申请书示例

申请人应当写出书面申请书，申请书包括以下内容：

(1)申请人和被申请人的姓名或者名称、地址、邮政编码，法定代表人的姓名和职务。

(2)请求的事项、事实和理由。

(3)证人的姓名、工作单位、住址、邮政编码。

(4)有关证据材料：

1)政府颁布的确定土地权属的凭证。

2)政府或者主管部门批准征用、划拨、出让土地或以其他方式批准使用土地的文件。

3)争议双方当事人依法达成的书面协议。

4)人民政府或者司法机关处理争议的文件或者附图。

5)其他有关证明文件。

附 2：调解书示例

申请人：

法定代表人：　　　　　　　　职务：　　　　　　　　地址：

被申请人：

法定代表人：　　　　　　　　职务：　　　　　　　　地址：

因　　　　　　　　　　一案，申请人与被申请人土地权属争议主要事实：

经调解双方达成如下协议：

申请人：(签字或盖章)

年　　月　　日

被申请人：(签字或盖章)

年　　月　　日

承办人：(签字)

年　　月　　日

(自然资源行政主管部门章)

年　　月　　日

自我评测习题集

一、单项选择题

1. 土地所有权具体表现为对土地拥有占有、使用、收益和(　　)的权利。

A. 利用　　B. 处分　　C. 居住　　D. 开发

2. 根据《宪法》，矿藏、水流、森林、山岭、草原、荒地、滩涂等自然资源，都属于(　　)，即全民所有；由法律规定属于集体所有的森林和山岭、草原、荒地、滩涂除外。

A. 国家所有　　B. 集体所有　　C. 私人所有　　D. 个人所有

3. 根据《宪法》，城市的土地属于(　　)；农村和城市郊区的土地，除由法律规定属于国家所有的以外，属于(　　)。

A. 国家所有、集体所有　　B. 国家所有、国家所有

C. 集体所有、集体所有　　D. 集体所有、国家所有

4. 根据《民法典》中物权编的有关规定，国家实行自然资源(　　)制度，但法律另有规定的除外。

A. 善意取得　　B. 物权公示　　C. 无偿借用　　D. 有偿使用

5. 确定一宗土地的权利，首先应明确(　　)。

A. 抵押权　　B. 他项权利　　C. 使用权　　D. 所有权

6. 某城市居民在市区住房的土地权利属于(　　)。

A. 无法判断　　B. 他项权利　　C. 使用权　　D. 所有权

7. 宅基地使用权属于(　　)中的一种。

A. 国有土地所有权　　B. 国有土地使用权　　C. 集体土地所有权　　D. 集体土地使用权

8. 地役权是为了(　　)的便利而设立的用益物权。

A. 需役地　　B. 供役地　　C. 公共用地　　D. 无法判断

9. 甲宗地被乙、丙宗地包围，从甲要外出至道路，需要向乙或丙借道，则需役地为(　　)。

A. 甲　　B. 乙　　C. 丙　　D. 无法判断

10. 甲宗地被乙、丙宗地包围，从甲要外出至道路，需要向乙或丙借道，则供役地为(　　)。

A. 甲　　B. 乙或丙　　C. 其他宗地　　D. 无法判断

11. 云南国土资源职业学院的观山楼属于(　　)。

A. 国家所有房产　　B. 集体企业所有房产

C. 私人所有房产　　D. 涉外房产

12. 某村民自建的住房属于(　　)。

A. 国家所有房产　　B. 集体企业所有房产

C. 私人所有房产　　D. 涉外房产

13. 农民集体连续使用其他农民集体所有的土地已满(　　)年的，应视为现使用者所有。
A. 10　　B. 15　　C. 20　　D. 25
14. 土地权属争议处理的程序按照下列的(　　)进行。
①申请　②调解　③处理　④受理　⑤调查
A. ④①②⑤③　　B. ⑤①③④②　　C. ①④⑤②③　　D. ①⑤④③②
15. 自然资源部门应在收到土地权属争议调处申请书之日起(　　)个工作日之内提出是否受理的意见。
A. 7　　B. 8　　C. 9　　D. 10
16. 位于丙省戊州丁县的甲、乙两乡之间的土地权属争议案件，应由(　　)自然资源部门受理。
A. 丙省　　B. 戊州　　C. 丁县　　D. 无法判断
17. 呈贡区某街道的农户甲与乙之间发生的农村宅基地权属争议案件，应由(　　)自然资源部门受理。
A. 呈贡区　　B. 昆明市级　　C. 云南省级　　D. 以上都可以
18. 自然资源部门应当在调解书生效之日起(　　)日内，将调解书送达当事人。
A. 10　　B. 15　　C. 17　　D. 20
19. 自然资源部门应当在受理土地权属争议之日起(　　)提出调查处理意见。
A. 3个月　　B. 6个月　　C. 9个月　　D. 1年
20. 土地权属争议情况复杂，经(　　)批准，可以适当延长提出调查处理意见的时间。
A. 政府州长　　B. 政府县长
C. 自然资源局长　　D. 自然资源局登记科长
21. 下述案件应作为土地权属争议案例受理的是(　　)。
A. 甲侵占乙的土地
B. 乙违法占地
C. 丁不按批准用途使用土地
D. 国家、农民集体同时对某地块主张所有权
22. 土地权属争议处理的决定是由(　　)下达的。
A. 自然资源局经办人　　B. 自然资源局
C. 人民政府　　D. 法院
23. 业主转让房屋所有权的，其对共有部分享有的权利依法(　　)转让。
A. 不能　　B. 一并　　C. 看情况　　D. 卖给第三人
24. 建筑区划内的道路、绿地，属于(　　)。
A. 业主专有　　B. 业主共有　　C. 物业专有　　D. 业主、物业共有
25. 业主对建筑物内的住宅、经营性用房等专有部分享有(　　)，即享有占有、使用、收益和处分的权利。
A. 使用权　　B. 经营权　　C. 所有权　　D. 收益权
26. 业主对专有部分以外的共有部分享有(　　)。
A. 共有和共同管理的权利　　B. 部分专有和分别管理的权利

C. 分部分的所有权　　D. 专有的收益权

27. 占用业主共有的道路或者其他场地用于停放汽车的车位，属于(　　)。

A. 业主专有　　B. 业主共有　　C. 物业专有　　D. 业主、物业共有

28. 关于建筑物区分所有权的说法，下列正确的是(　　)。

A. 业主对建筑物的基础、承重结构、外墙、屋顶等基本构造部分享有专有权

B. 业主对建筑物内的住宅、经营性用房等专有部分享有共有和共同管理的权利

C. 业主可以根据自己的需要把住宅改变为经营性用房，不受法律约束

D. 业主对共有部分享有的共有和公共管理权随着业主对专有部分所有权的转让而一并转让

二、判断题

1. 土地使用权分为国有土地使用权和集体土地使用权。(　　)

2. 城市集体所有制单位使用的原农民集体所有的土地，签订过土地转移等有关协议的，属于国家所有。(　　)

3. 土地产权由法律规定，不允许当事人自行约定设置。(　　)

4. 一块土地之上只能有一个所有权。(　　)

5. 土地产权可由当事人自行约定设置。(　　)

6. 集体所有土地依法可以变更为国家所有土地。(　　)

7. 国家土地所有权经批准，可以转为集体土地所有。(　　)

8. 房屋产权永远不能与土地使用权分割开来。(　　)

9. 买卖可以取得房屋产权。(　　)

10. 申请土地权属争议案件可以采用口头方式。(　　)

11. 行政区域边界争议案件不属于土地权属争议案件范畴。(　　)

12. 土地侵权案件不属于土地权属争议案件范畴。(　　)

13. 某两单位之间发生土地权属争议，经调解无效，由县自然资源局作出处理决定。(　　)

14. 调解成功的，可以达成口头协议。(　　)

15. 生效的调解书具有法律效力。(　　)

16. 处理是土地权属争议解决的必经程序。(　　)

17. 申请是土地权属争议解决的先决条件。(　　)

18. 所有的土地权属争议在受理后都必须在半年内提出调查处理意见。(　　)

19. 业主对建筑物专有部分以外的共有部分，享有权利，但不用承担义务。(　　)

20. 建筑区划内的其他公共场所、公用设施和物业服务用房，属于业主共有。(　　)

21. 建筑区划内，规划用于停放汽车的车位、车库应当首先满足物业的需要。(　　)

项目三 不动产地籍调查

知识目标

(1)了解地籍调查基本概况;
(2)了解不动产单元编码;
(3)掌握界址调查要求;
(4)掌握土地与房屋的用途分类;
(5)掌握面积分摊计算;
(6)了解并填写地籍调查表。

能力目标

(1)能够对不动产单元进行正确编码;
(2)能够按要求进行不动产界址调查;
(3)能够正确判断土地与房屋的用途分类;
(4)能够正确进行土地面积分摊的计算;
(5)能够正确填写地籍调查表中各项内容。

素养目标

(1)具有团结一致的团队合作意识,在地籍调查的各流程环节中,团队成员齐心协力、共同完成任务;

(2)具有吃苦耐劳、认真负责的态度,树立规范操作、精益求精的工作意识。

项目介绍

在不动产登记申请前,需要进行不动产地籍调查的,应当依据不动产地籍调查相关技术规定开展不动产地籍调查。不动产地籍调查包括不动产权属调查和不动产测绘。

本项目旨在了解不动产地籍调查概况的基础上，重点学习不动产地籍调查的主要内容，掌握不动产面积分摊的基本方法和地籍调查表的填写。

任务一　认知地籍调查概况

任务目标

讨论地籍调查的内容、方法、对象、程序。

任务导入

×县(530325)第5地籍区第3地籍子区沙湾镇湾沟村第一村民小组的集体所有权土地上，使用权宗地顺序号为19的地块为农村宅基地，该处宅基地上建有1栋住房，产权人为刘××，该户还有成员王××(丈夫)、王×(长子)、王×(次子)。该不动产现需办理产权证。办证前，需要完成什么调查?

知识链接

地籍调查是指国家依照法定程序，采用科学方法，通过权属调查和地籍测绘，查清不动产的位置、权属、界线、数量和用途等基本情况，并以图、表、簿、册等形式予以记载，为不动产登记提供依据。地籍调查包括权属调查和不动产测绘两部分。

一、地籍调查的目的

核实不动产的权属和确认界址的实际位置，并掌握不动产利用状况；通过测量获得界址点平面位置、不动产形状及其面积的准确数据，为不动产登记和核发权属证书奠定基础；为完善地籍管理服务，做好技术准备，提供法律凭证。

二、地籍调查的内容

地籍调查以宗地为单位，查清宗地及其房屋等定着物组成的不动产单元状况。其包括宗地信息、房屋等构(建)筑物信息等。

(一)宗地信息

查清宗地的权利人、权利类型、权利性质、用途、四至、面积等状况。针对土地承包经营权宗地和农用地的其他使用权宗地，还应查清承包地块的发包方、地力等级、是否划定为基本农田、水域滩涂类型、养殖方式、适宜载畜量、草原质量等。

(二)房屋等构(建)筑物信息

查清房屋权利人、坐落、项目名称、房屋性质、构(建)筑物类型、共有情况、用途、规划用途、幢号、户号、总套数、总层数、所在层次、建筑结构、建成年份、建筑面积、专有建筑面积、分摊建筑面积等内容。针对宗地内的建筑物区分所有权的共有部分，还应查清其权利人、构(建)筑物名称、构(建)筑物数量或者面积、分摊土地面积等。

三、地籍调查的基本方法

(一)不动产单元的设定与编码

应按照不动产地籍调查的要求，设定不动产单元，编制不动产单元代码(即不动产单元号)。

(二)不动产权属调查

采用内外业核实和实地调查相结合的方法开展不动产权属调查，查清不动产单元的权属状况、界址、用途、四至等内容，确保不动产单元权属清晰、界址清楚、空间相对位置关系明确。

(1)对权属来源资料完整的不动产权属，主要采用内外业核实的调查方法。

(2)对权属来源资料缺失、不完整的不动产权属，主要采用外业核实、调查的方法。

(3)对无权属来源资料的不动产权属，主要采用外业调查的方法。

(三)不动产测量

依据不动产的类型、位置和不动产单元的构成方式，因地制宜，审慎科学地选择符合本地区实际的不动产测量方法，确保界址清楚、面积准确。

(1)对城镇、村庄、独立工矿等区域的建设用地，宜采用解析法测量界址点坐标并计算土地面积，实地丈量房屋边长并采用几何要素法计算房屋面积。

(2)对于分散、独立的建设用地，可采用解析法测量界址点坐标并计算土地面积；也可采用图解法测量界址点坐标，此时，宜实地丈量界址边长和房屋边长，并采用几何要素法计算土地面积与房屋面积。

(3)对于海域和耕地、林地、园地、草地、水域、滩涂等用地，既可选择解析法也可选择图解法获取界址点坐标并计算土地(海域)的面积，如果其上存在房屋等定着物，则宜采用实地丈量其边长并采用几何要素法计算房屋面积。

四、地籍调查的对象

地籍调查应当以不动产单元为基本单位进行调查。不动产单元是指权属界线封闭且具有独立使用价值的空间。独立使用价值的空间应当足以实现相应的用途，并可以独立利用。

(1)没有房屋等建筑物、构筑物及森林、林木定着物的，以土地、海域权属界线封闭的空间为不动产单元。

(2)有房屋等建筑物、构筑物及森林、林木定着物的，以该房屋等建筑物、构筑物及森林、林木定着物与土地、海域权属界线封闭的空间为不动产单元。

(3)有地下车库、商铺等具有独立使用价值的特定空间或码头、油库、隧道、桥梁等构筑物的，以该特定空间或者构筑物与土地、海域权属界线封闭的空间为不动产单元。

(4)宗地是指被土地权属界址线封闭的地块。

五、地籍调查的程序

不动产地籍调查按照准备工作、权属调查、不动产测量、成果审查入库、成果整理归档的次序开展工作。

任务实施

对该村民拥有的宅基地及住房，地籍调查的内容有：

____，

____，

____，

____，

____，

____。

任务二　不动产单元编码

任务目标

(1)分析宗地编码规定；

(2)分析定着物编码规定。

任务导入

村民刘××拥有的宅基地及住房，位于×县(530325)第5地籍区，第3地籍子区，宗地编号为19，地上有1幢房屋，地籍调查时如何编码？

一、不动产单元

不动产单元是指权属界线固定封闭且具有独立使用价值的空间。

(1)一宗土地所有权宗地应设为一个不动产单元。

(2)无定着物的使用权宗地(宗海)应设为一个不动产单元。

(3)有定着物的使用权宗地(宗海)，宗地(宗海)内的每个定着物单元与该宗地(宗海)应设为一个不动产单元。

二、不动产单元编码

不动产单元编码是按一定规则赋予不动产单元的唯一和可识别的标识码。

(一)编码基本要求

(1)宗地(宗海)代码为五层 19 位层次码，依照不动产地籍调查的要求，按层次分别表示县级行政区划代码、地籍区代码、地籍子区代码、宗地(宗海)特征码、宗地(宗海)顺序号。其中，宗地(宗海)特征码和宗地(宗海)顺序号组成宗地(宗海)号。

(2)定着物单元代码为二层 9 位层次码，按层次表示定着物特征码、定着物单元号。

(3)不动产单元具有唯一编码。

(4)不动产单元代码结构如图 3-1 所示。

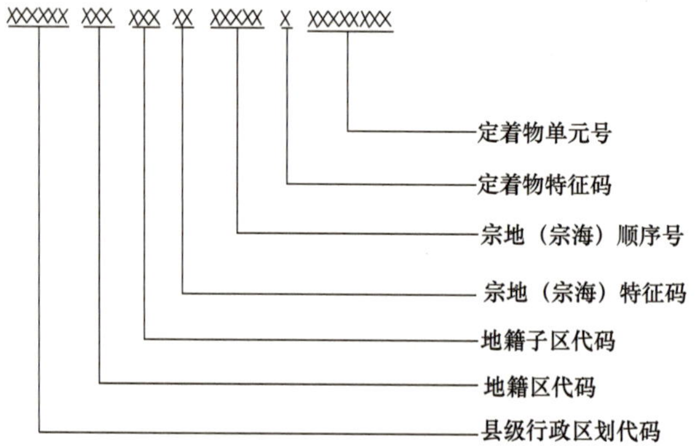

图 3-1　不动产单元代码结构

(二)编码方法

(1)第一层次为县级行政区划代码，码长为 6 位，采用《中华人民共和国行政区划代码》(GB/T 2260—2007)国家标准规定的行政区划代码。

(2)第二层次为地籍区代码，码长为 3 位，码值为 000～999。其中，海籍调查时，地籍区代码可用“000”表示。

(3)第三层次为地籍子区代码，码长为 3 位，码值为 000～999。其中，海籍调查时，地籍子区代码可用“000”表示。

(4)第四层次为宗地(宗海)特征码，码长为 2 位。其中：

1)第 1 位用 G、J、Z 表示。“G”表示国家土地(海域)所有权，“J”表示集体土地所有权，“Z”表示土地(海域)所有权未确定或有争议。

2)第 2 位用 A、B、S、X、C、D、E、F、L、N、H、G、W、Y 表示。“A”表示土地所有权宗地，“B”表示建设用地使用权宗地(地表)，“S”表示建设用地使用权宗地(地上)，“X”表示建设用地使用权宗地(地下)，“C”表示宅基地使用权宗地，“D”表示土地承包经营权宗地(耕地)，“E”表示土地承包经营权宗地(林地)，“F”表示土地承包经营权宗地(草地)，“L”表示林地使用权宗地(承包经营以外的)，“N”表示农用地的使用权宗地(承包经营以外的、非林地)，“H”表示海域使用权宗海，“G”表示无居民海岛使用权海岛，“W”表示使用权未确定或有争议的宗地，“Y”表示其他土地使用权宗地，可用于宗地(宗海)特征扩展。

(5)第五层次为宗地(宗海)顺序号，码长为 5 位，码值为 00001～99999，在相应的宗地(宗海)特征码后顺序编号。宗地顺序号一般从左到右、自上而下，顺序编号。宗地顺序号编号示意如图 3-2 所示。

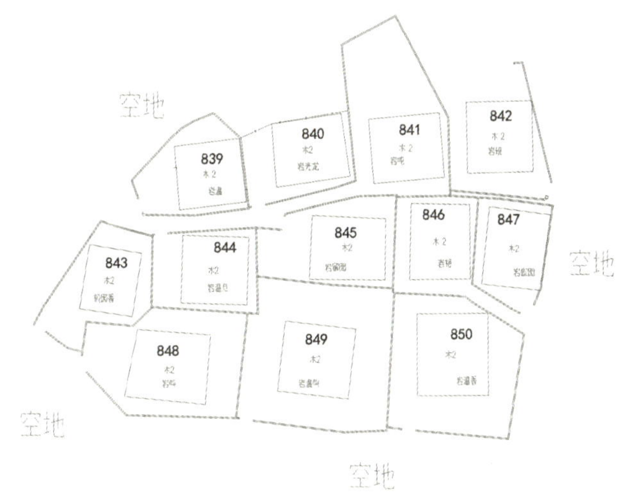

图 3-2　宗地顺序号编号示意

一块宗地具有一个对应的唯一编码。对于原宗地合并或分割后界址发生变化的，新的宗地必须给予新的顺序号，按该地籍子区已有最大编号之后进行流水顺序编号。宗地合并示意如图 3-3 所示。

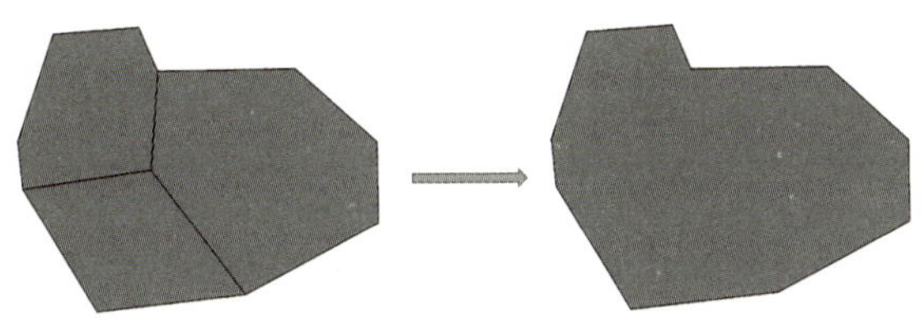

图 3-3　宗地合并示意

(6)第六层次为定着物特征码，码长为1位，用F、L、Q、W表示。“F”表示房屋等建筑物、构筑物，“L”表示森林或林木，“Q”表示其他类型的定着物，“W”表示无定着物。

(7)第七层次为定着物单元号，码长为8位。

1)定着物为房屋等建筑物、构筑物的，定着物单元在使用权宗地(宗海)内应具有唯一编号。前4位表示幢号，码值为0001～9999；后4位表示户号，码值为0001～9999。

2)定着物为森林、林木的，定着物单元在使用权宗地(宗海)内应具有唯一的编号，码值为00000001～99999999。

3)定着物为其他类型的，定着物单元在使用权宗地(宗海)内应具有唯一的编号，码值为00000001～99999999。

4)集体土地所有权宗地或使用权宗地(宗海)内无定着物的，定着物单元代码用“W00000000”表示。

5)不动产单元代码分段示意如图3-4所示。

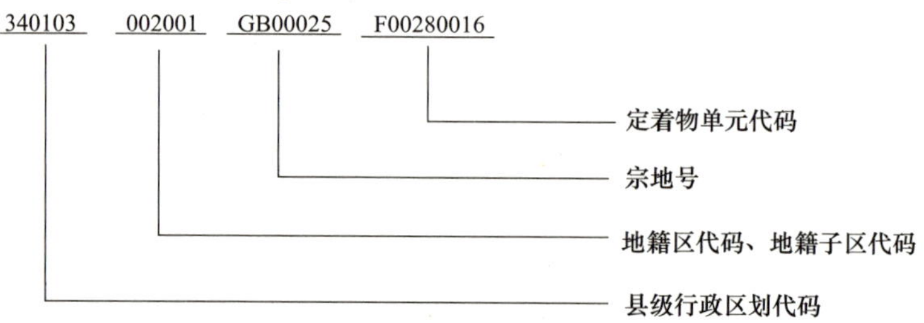

图3-4　不动产单元代码分段示意

三、地籍区、地籍子区编号

地籍区代码宜在县级行政区划内，从西北角开始，按照自左至右、自上而下的顺序编制；地籍子区代码宜在地籍区内从西北角开始，按照自左至右、自上而下的顺序编制。

该村民刘××拥有的宅基地及住房，其不动产单元编码为：

____，

____。

子任务

对不动产单元编码

编码一

某宗地位于某县(530335)，地籍区编号为11，地籍子区编号为7，宗地顺序号为16，土地属于某农村集体经济组织所有。地上无定着物。请对此不动产单元进行编码。

编码二

某地块为国有建设用地使用权宗地，位于某县(530335)第 9 地籍区的第 17 地籍子区，宗地顺序号为 8，地上无定着物。请对此不动产单元进行编码。

编码三

某县(530335)第 10 地籍区的第 9 地籍子区，宗地顺序号为 28 的国有建设用地使用权宗地上建有某住宅小区，小区共有 21 幢住宅楼，其中一幢楼在第 9 地籍子区内的编号为 231；在宗地内的顺序号为 19。现对该幢楼中的第 26 户进行编码。请以地籍子区为单元来对此不动产单元进行编码。

编码四

某县(530335)第 10 地籍区的第 9 地籍子区，宗地顺序号为 28 的国有建设用地使用权宗地上建有某住宅小区，小区共有 21 幢住宅楼，其中一幢楼在第 9 地籍子区内的编号为 231；在宗地内的顺序号为 19。现对该幢楼中的第 26 户进行编码。请以宗地为单元来对此不动产单元进行编码。

编码五

某县(530335)第 2 地籍区的第 8 地籍子区中某宗国有建设用地使用权宗地，宗地顺序号为 37，该宗地使用权人为某国有工业企业，建设有多幢厂房及其附属设施(工厂办公楼、职工食堂、多幢职工住宅楼等)。工业企业内全部设施作为一个完整的定着物单元，该定着物单元的幢顺序号可标识为 9999。请对此不动产单元进行编码。

编码六

上述编码五中，该工业企业将若干栋职工住宅楼依规定给予部分职工，其中李某获得第 5 栋中的第 7 户房屋所有权，请以宗地为单元对该不动产单元进行编码。

编码七

某县(530335)第 10 地籍区的第 9 地籍子区内，国有建设用地使用权宗地顺序号为 28 的土地上建有 21 幢房屋，宗地内最大房屋幢号为 21。现在该宗地上新建一幢住宅楼房，请对新建楼幢中的第 14 户不动产单元进行编码。

编码八

某县(530335)第 13 地籍区的第 15 地籍子区的一宗农村宅基地，宗地顺序号为 125，地上建有 2 栋住房，房屋同属于一个产权人。这 2 栋房屋可构成一个定着物单元，该定着物单元的幢顺序号可标识为 9999。请对此不动产单元进行编码。

编码九

某县(530335)第 13 地籍区第 15 地籍子区内，宗地顺序号为 34 的农村宅基地，地上建有 5 栋房屋，分属不同产权人所有，针对其中的第 4 栋房屋进行编码。该栋房屋在地籍子区内的顺序号为 41；宗地内的顺序号为 4。请以宗地为单元来对此不动产单元进行编码。

任务三　界址调查

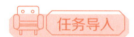

任务目标

总结界址调查要求。

任务导入

村民刘××的宅基地及住房在界址调查时有何要求？界址认定需要谁指认？

知识链接

一、界址点编号

界址点编号，一般可以宗地为单位，从左上角按顺时针方向，从“1”开始编制。界址点编号示意如图 3-5 所示。

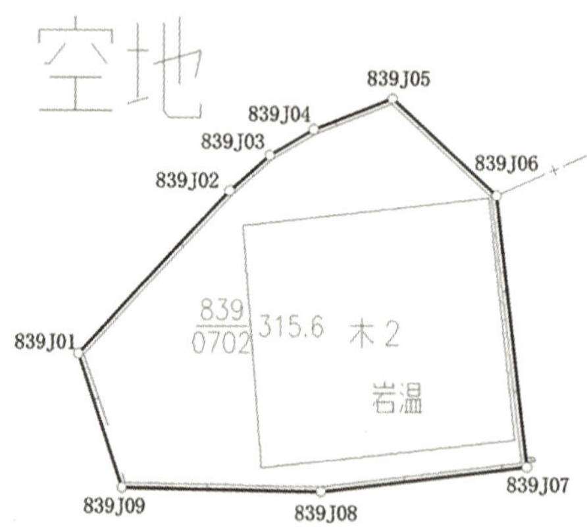

图 3-5　界址点编号示意

二、界址调查

(一)基本要求

(1)界址的认定必须由本宗地及相邻宗地土地使用者到现场共同指界。

(2)单位使用的土地须由法人代表出席指界，并出具身份证明和法人代表身份证明书；个人使用的土地须由户主出席指界，并出具身份证明和户籍簿。

法人代表或户主不能亲自出席指界的，由委托代理人指界，并出具身份证明及委托书；两个以上土地使用者共同使用的宗地，应共同委托代表指界，并出具委托书及身份证明。

(3)相邻宗地界址线间距小于 0.5 m 时，须由本宗地及相邻宗地的使用者亲自到现场指界、认定。宗地界址临街、临巷、相邻宗地界址线间距大于 0.5 m 或土地使用者已有建设用地批准文件且用地图上的界线与实地界线吻合时，可只由本宗地指界人指界。

(4)经双方认定的界址，必须由双方指界人在地籍调查表上签字盖章。

(5)有争议的界址，调查现场不能处理时按相关规定处理。

(二)土地权属界线争议处理

现场调查遇到土地权属争议时，一般通过双方协商、调查人员现场调解或签订土地权属界线协议书；当争议严重、调解不成时，调查员应填写土地争议缘由书，记录争议的位置、缘由、面积、各自的主张与理由，以及调查人员对争议的处理建议，连同双方提交的有关材料一并交不动产登记领导小组进行处理。

在土地所有权和使用权争议解决前，任何一方不得改变土地利用现状。

(三)违约缺席指界的处理

(1)如一方违约缺席，其宗地界线以另一方指定界线确定。

(2)如双方违约缺席，其宗地界线由调查员依现状界址及地方习惯确定。

(3)将确界结果以书面形式送达违约缺席者，如有异议，必须在 15 日内提出重新划界申请，并负责重新划界的全部费用，逾期不申请，经公告 15 日后，上述确界自动生效。

(4)指界人出席指界并认定界线，但拒不签字盖章的，按违约缺席指界处理。

(5)对违约缺席指界者应发违约缺席定界通知书。

(四)宗地草图

宗地草图是宗地调查的原始资料，用于记录宗地的位置、界址点、界址线及其与相邻宗地的关系。

宗地草图可以根据宗地大小选择适当的比例尺，概略绘制宗地形状。

每宗地应单独绘制一份宗地草图，所有边长数据必须为实地丈量结果，注记字头朝北或朝向西，界址线总长标注在线外，分段边长标注在线内。

宗地草图的特点是现场绘制、图形近似、不依比例尺、实地丈量界址边长等。

作为地籍资料中的原始记录，宗地草图不仅为界址点的维护与恢复提供依据，还能协助解决权属纠纷。权属调查时，调查人员须在现场绘制宗地草图。

宗地草图的内容如下：

(1)本宗地号和门牌号、土地使用者名称、本宗地界址点、界址点编号及界址线、邻宗地的宗地号、门牌号和使用者名称。

(2)宗地内及宗地外紧靠界址点的主要建筑物和构筑物。

(3)界址边边长、指北线、丈量者、丈量日期等。

(4)宗地草图示例如图 3-6 所示。

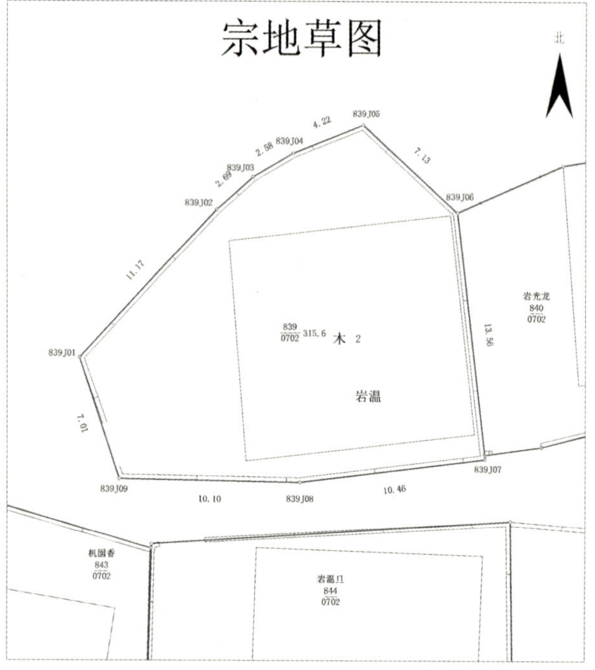

图 3-6　宗地草图示例

任务实施

对村民刘××的宅基地及住房进行界址调查时，应符合的要求有：

____，

____。

任务四　土地与房屋用途分类

任务目标

比较土地与房屋的用途分类。

对村民刘××的宅基地及住房进行地籍调查的用途是什么？

地籍调查中的房屋用途分类按照《地籍调查规程》(GB/T 42547—2023)执行，见表 3-1。

地籍调查中的地类编码按照《土地利用现状分类》(GB/T 21010—2017)填写至二级类，用阿拉伯数字表示，见表 3-2。

表 3-1　房屋用途分类表

一级分类		二级分类		内容
编号	名称	编号	名称	
10	住宅	11	成套住宅	指由若干卧室、起居室、厨房、卫生间、室内走道或客厅等组成的供一户使用的房屋
		12	非成套住宅	指人们生活居住的但不成套的房屋
		13	集体住宅	指机关、学校、企事业单位的单身职工、学生居住的房屋。集体宿舍是住宅的一部分
		14	农村住宅	指宅基地上用于居住的房屋
		15	其他	指住宅小区内用于物业办公、物业经营、社区医疗、居家养老等用房
20	工业交通仓储	21	工业	指独立设置的各类工厂、车间、手工作坊、发电厂等从事生产活动的房屋
		22	公用设施	指自来水、泵站、污水处理、变电、燃气、供热、垃圾处理、环卫、公厕、殡葬、消防等市政公用设施的房屋
		23	铁路	指铁路系统从事铁路运输的房屋
		24	民航	指民航系统从事民航运输的房屋
		25	航运	指航运系统从事水路运输的房屋
		26	公交运输	指公路运输、公共交通系统从事客、货运输、装卸、搬运的房屋
		27	仓储	指用于储备、中转、外贸、供应等各种仓库、油库用房
30	商业金融信息	31	商业服务	指各类商店、门市部、饮食店、粮油店、菜场、理发店、照相馆、浴室、旅社、招待所等从事商业和为居民生活服务所用的房屋
		32	经营	指各种开发、装饰、中介公司等从事各类经营业务活动所用的房屋
		33	旅游	指宾馆、饭店、乐园、俱乐部、旅行社等主要从事旅游服务所用的房屋
		34	金融保险	指银行、储蓄所信用社、信托公司、证券公司、保险公司等从事金融服务所用的房屋
		35	电信信息	指各种邮电、电信部门、信息产业部门，从事电信与信息工作所用的房屋

续表

一级分类		二级分类		内容
编号	名称	编号	名称	
40	教育医疗卫生科研	41	教育	指大专院校、中等专业学校、中学、小学、幼儿园、托儿所、职业学校、业余学校、干校、党校、进修院校、工读学校、电视大学等从事教育所用的房屋
		42	医疗卫生	指各类医院、门诊部、卫生所(站)、检(防)疫站、保健院(站)、疗养院、医学化验、药品检验等医疗卫生机构从事医疗、保健、防疫、检验所用的房屋
		43	科研	指各类从事自然科学、社会科学等研究设计、开发所用的房屋
50	文化娱乐体育	51	文化	指文化馆、图书馆、展览馆、博物馆、纪念馆等从事文化活动所用的房屋
		52	新闻	指广播电视台、电台、出版社、报社、杂志社、通讯社、记者站等从事新闻出版所用的房屋
		53	娱乐	指影剧院、游乐场、俱乐部、剧团等从事文娱演出所用的房屋
		54	园林绿化	指公园、动物园、植物园、陵园、苗圃、花圃、风景名胜、防护林等所用的房屋
		55	体育	指体育场、馆、游泳池、射击场、跳伞塔等从事体育所用的房屋
60	办公	61	办公	指党政机关、群众团体、行政事业单位等行政、事业单位等所用的房屋
70	军事	71	军事	指中国人民解放军军事机关、营房、阵地、基地、机场、码头、工厂、学校等所用的房屋
80	其他	81	涉外	指外国使领馆、驻华办事处等涉外所用的房屋
		82	宗教	指寺庙、教堂等从事宗教活动所用的房屋
		83	监狱	指监狱、看守所、劳改场(所)等所用的房屋
		84	车位、车库	指专门用于停放汽车的位置或库房

表 3-2　土地利用现状分类和编码

一级类		二级类		含义
编码	名称	编码	名称	
01	耕地			指种植农作物的土地，包括熟地，新开发、复垦、整理地，休闲地(含轮歇地、休耕地)；以种植农作物(含蔬菜)为主，间有零星果树、桑树或其他树木的土地；平均每年能保证收获一季的已垦滩地和海涂。耕地中包括南方宽度＜1.0 m，北方宽度＜2.0 m固定的沟、渠、路和地坎(埂)；临时种植药材、草皮、花卉、苗木等的耕地，临时种植果树、茶树和林木且耕作层未破坏的耕地，以及其他临时改变用途的耕地
		0101	水田*	指用于种植水稻、莲藕等水生农作物的耕地，包括实行水生、旱生农作物轮种的耕地
		0102	水浇地*	指有水源保证和灌溉设施，在一般年景能正常灌溉，种植旱生农作物(含蔬菜)的耕地，包括种植蔬菜的非工厂化的大棚用地
		0103	旱地*	指无灌溉设施，主要靠天然降水种植旱生农作物的耕地，包括没有灌溉设施，仅靠引洪淤灌的耕地

续表

一级类		二级类		含义
编码	名称	编码	名称	
02	园地			指种植以采集果、叶、根、茎、枝、汁等为主的集约经营的多年生木本和草本作物，覆盖度大于50%或每亩株数大于合理株数70%的土地，包括用于育苗的土地
		0201	果园*	指种植果树的园地
		0202	茶园*	指种植茶树的园地
		0203	橡胶园*	指种植橡胶树的园地
		0204	其他园地*	指种植桑树、可可、咖啡、油棕、胡椒、药材等其他多年生作物的园地
03	林地			指生长乔木、竹类、灌木的土地，以及沿海生长红树林的土地，包括迹地，不包括城镇、村庄范围内的绿化林木用地，铁路、公路、征地范围内的林木，以及河流、沟渠的护堤林
		0301	乔木林地*	指乔木郁闭度≥0.2的林地，不包括森林沼泽
		0302	竹林地*	指生长竹类植物，郁闭度≥0.2的林地
		0303	红树林地*	指沿海生长红树植物的林地
		0304	森林沼泽*	以乔木森林植物为优势群落的淡水沼泽
		0305	灌木林地*	指灌木覆盖度≥40%的林地，不包括灌丛沼泽
		0306	灌丛沼泽*	以灌丛植物为优势群落的淡水沼泽
		0307	其他林地*	包括疏林地(指树木郁闭度≥0.1、<0.2的林地)、未成林地、迹地、苗圃等林地
04	草地			指生长草本植物为主的土地
		0401	天然牧草地*	指以天然草本植物为主，用于放牧或割草的草地，包括实施禁牧措施的草地，不包括沼泽草地
		0402	沼泽草地*	指以天然草本植物为主的沼泽化的低地草甸、高寒草甸
		0403	人工牧草地*	指人工种牧草的草地
		0404	其他草地**	指树林郁闭度<0.1，表层为土质，不用于放牧的草地
05	商服用地			指主要用于商业、服务业的土地
		0501	零售商业用地	以零售功能为主的商铺、商场、超市、市场和加油、加气、充换电站等的用地
		0502	批发市场用地	以批发功能为主的市场用地
		0503	餐饮用地	饭店、餐厅、酒吧等用地
		0504	旅馆用地	宾馆、旅馆、招待所、服务型公寓、度假村等用地
		0505	商务金融用地	指商务服务用地，以及经营性的办公场所用地，包括写字楼、商业性办公场所、金融活动场所和企业厂区外独立的办公场所；信息网络服务、信息技术服务、电子商务服务、广告传媒等用地
		0506	娱乐用地	指剧院、音乐厅、电影院、歌舞厅、网吧、影视城、仿古城及绿地率小于65%的大型游乐等设施用地
		0507	其他商服用地	指零售商业、批发市场、餐饮、旅馆、商务金融、娱乐用地以外的其他商业、服务业用地，包括洗车场、洗染店、照相馆、理发美容店、洗浴场所、赛马场、高尔夫球场、废旧物资回收站、机动车、电子产品和日用产品维修网点、物流营业网点，居住小区及小区级以下的配套服务设施等用地

续表

一级类		二级类		含义
编码	名称	编码	名称	
06	工矿仓储用地			指主要用于工业生产、物资存放场所的土地
		0601	工业用地	指工业生产、产品加工制造、机械和设备修理及直接为工业生产等服务的附属设施用地
		0602	采矿用地	指采矿、采石、采砂(沙)场，砖瓦窑等地面生产用地，排土(石)及尾矿堆放地
		0603	盐田	指用于生产盐的土地，包括晒盐场所、盐池及附属设施用地
		0604	仓储用地	指用于物资储备、中转的场所用地，包括物流仓储设施、配送中心、转运中心等
07	住宅用地			指主要用于人们生活居住的房基地及其附属设施的土地
		0701	城镇住宅用地	指城镇用于生活居住的各类房屋用地及其附属设施用地，不含配套的商业服务设施等用地
		0702	农村宅基地	指农村用于生活居住的宅基地
08	公共管理与公共服务用地			指用于机关团体、新闻出版、科教文卫、公用设施等的土地
		0801	机关团体用地	指用于党政机关、社会团体、群众自治组织等的用地
		0802	新闻出版用地	指用于广播电台、电视台、电影厂、报社、杂志社、通讯社、出版社等的用地
		0803	教育用地	指用于各类教育用地，包括高等院校、中等专业学校、中学、小学、幼儿园及其附属设施用地，聋、哑、盲人学校及工读学校用地，以及为学校配建的独立地段的学生生活用地
		0804	科研用地	指独立的科研、勘察、研发、设计、检验检测、技术推广、环境评估与监测、科普等科研事业单位及其附属设施用地
		0805	医疗卫生用地	指医疗、保健、卫生、防疫、康复和急救设施等用地，包括综合医院、专科医院、社区卫生服务中心等用地；卫生防疫站、专科防治所、检验中心和动物检疫站等用地；对环境有特殊要求的传染病、精神病等专科医院用地；急救中心、血库等用地
		0806	社会福利用地	指为社会提供福利和慈善服务的设施及其附属设施用地，包括福利院、养老院、孤儿院等用地
		0807	文化设施用地	指图书、展览等公共文化活动设施用地，包括公共图书馆、博物馆、档案馆、科技馆、纪念馆、美术馆和展览馆等设施用地；综合文化活动中心、文化馆、青少年宫、儿童活动中心、老年活动中心等设施用地
		0808	体育用地	指体育场馆和体育训练基地等用地，包括室内外体育运动用地，如体育场馆、游泳场馆、各类球场及其附属的业余体校等用地。溜冰场、跳伞场、摩托车场、射击场及水上运动的陆域部分等用地，以及为体育运动专设的训练基地用地，不包括学校等机构专用的体育设施用地
		0809	公用设施用地	指用于城乡基础设施的用地，包括供水、排水、污水处理、供电、供热、供气、邮政、电信、消防、环卫、公用设施维修等用地
		0810	公园与绿地	指城镇、村庄范围内的公园、动物园、植物园、街心花园、广场和用于休憩、美化环境及防护的绿化用地

续表

一级类		二级类		含义
编码	名称	编码	名称	
09	特殊用地			指用于军事设施、涉外、宗教、监教、殡葬、风景名胜等的土地
		0901	军事设施用地	指直接用于军事目的的设施用地
		0902	使领馆用地	指用于外国政府及国际组织驻华使领馆、办事处等的用地
		0903	监教场所用地	指用于监狱、看守所、劳改场、戒毒所等的建筑用地
		0904	宗教用地	指专门用于宗教活动的庙宇、寺院、道观、教堂等宗教自用地
		0905	殡葬用地	指陵园、墓地、殡葬场所用地
		0906	风景名胜设施用地	指风景名胜景点(包括名胜古迹、旅游景点、革命遗址、自然保护区、森林公园、地质公园、湿地公园等)的管理机构，以及旅游服务设施的建筑用地。景区内的其他用地按现状归入相应地类
10	交通运输用地			指用于运输通行的地面线路、场站等的土地，包括民用机场、汽车客货运场站、港口、码头、地面运输管道和各种道路及轨道交通用地
		1001	铁路用地	指用于铁道线路及场站的用地，包括征地范围内的路堤、路堑、道沟、桥梁、林木等用地
		1002	轨道交通用地	指用于轻轨、现代有轨电车、单轨等轨道交通用地，以及场站的用地
		1003	公路用地	指用于国道、省道、县道和乡道的用地，包括征地范围内的路堤、路堑、道沟、桥梁、汽车停靠站、林木及直接为其服务的附属用地
		1004	城镇村道路用地	指城镇、村庄范围内公用道路及行道树用地，包括快速路、主干路、次干路、支路、专用人行道和非机动车道，及其交叉口等
		1005	交通服务场站用地	指城镇、村庄范围内交通服务设施用地，包括公交枢纽及其附属设施用地、公路长途客运站、公共交通场站、公共停车场(含设有充电桩的停车场)、停车楼、教练场等用地，不包括交通指挥中心、交通队用地
		1006	农村道路*	在农村范围内，南方宽度≥1.0 m、≤8 m，北方宽度≥2.0 m、≤8 m，用于村间、田间交通运输，并在国家公路网络体系之外，以服务于农村农业生产为主要用途的道路(含机耕道)
		1007	机场用地	指用于民用机场、军民合用机场的用地
		1008	港口码头用地	指用于人工修建的客运、货运、捕捞及工程、工作船舶停靠的场所及其附属建筑物的用地，不包括常水位以下部分
		1009	管道运输用地	指用于运输煤炭、矿石、石油、天然气等管道及其相应附属设施的地上部分用地
11	水域及水利设施用地			指陆地水域、滩涂、沟渠、沼泽、水工建筑物等用地，不包括滞洪区和已垦滩涂中的耕地、园地、林地、城镇、村庄、道路等用地

续表

一级类		二级类		含义
编码	名称	编码	名称	
11	水域及水利设施用地	1101	河流水面**	指天然形成或人工开挖河流常水位岸线之间的水面，不包括被堤坝拦截后形成的水库区段水面
		1102	湖泊水面**	指天然形成的积水区常水位岸线所围成的水面
		1103	水库水面*	指人工拦截汇集而成的总设计库容≥10 万 m^3 的水库正常蓄水位岸线所围成的水面
		1104	坑塘水面*	指人工开挖或天然形成的蓄水量＜10 万 m^3 的坑塘常水位岸线所围成的水面
		1105	沿海滩涂**	指沿海大潮高潮位与低潮位之间的潮侵地带，包括海岛的沿海滩涂，不包括已利用的滩涂
		1106	内陆滩涂**	指河流、湖泊常水位至洪水位间的滩地；时令湖、河洪水位以下的滩地，水库、坑塘的正常蓄水位与洪水位间的滩地，包括海岛的内陆滩地。不包括已利用的滩地
		1107	沟渠*	指人工修建，南方宽度≥1.0 m、北方宽度≥2.0 m 用于引、排、灌的渠道，包括渠槽、渠堤、护堤林及小型泵站
		1108	沼泽地**	指经常积水或渍水，一般生长湿生植物的土地，包括草本沼泽、苔藓沼泽、内陆盐沼等，不包括森林沼泽、灌丛沼泽和沼泽草地
		1109	水工建筑用地	指人工修建的闸、坝、堤路林、水电厂房、扬水站等常水位岸线以上的建(构)筑物用地
		1110	冰川及永久积雪**	指表层被冰雪常年覆盖的土地
12	其他土地			指上述地类以外的其他类型的土地
		1201	空闲地	指城镇、村庄、工矿范围内尚未使用的土地，包括尚未确定用途的土地
		1202	设施农用地*	指直接用于经营性畜禽养殖生产设施及附属设施用地；直接用于作物栽培或水产养殖等农产品生产的设施及附属设施用地；直接用于设施农业项目辅助生产的设施用地；晾晒场、粮食果品烘干设施、粮食和农资临时存放场所、大型农机具临时存放场所等规模化粮食生产所必需的配套设施用地
		1203	田坎*	指梯田及梯状坡地耕地中，主要用于拦蓄水和护坡，南方宽度≥1.0 m、北方宽度≥2.0 m 的地坎
		1204	盐碱地**	指表层盐碱聚集，生长天然耐盐植物的土地
		1205	沙地**	指表层为沙覆盖、基本无植被的土地，不包括滩涂中的沙地
		1206	裸土地**	指表层为土质，基本无植被覆盖的土地
		1207	裸岩石砾地**	指表层为岩石或石砾，其覆盖面积≥70%的土地
注：农用地标注*，建设用地不标注，未利用地标注**				

任务实施

针对村民刘××的宅基地及住房，地籍调查应如何确定用途：

____，

____，

____，

____。

子任务

判断土地分类

以下土地应该归为哪个二级地类？

(1)种莲藕的土地。

(2)种香蕉的土地。

(3)某城市居住小区内的车位用地。

(4)某大型化工企业(厂区在云南省昭通市)在昆明市区的办公楼用地。

(5)城区内的加油站用地。

(6)高速公路旁服务区的加油站用地。

(7)某农村住宅，外围有围墙，围墙内的土地来源合法，用于自家晾晒农作物的楼前空地。

(8)昆明南火车站用地。

(9)昆明地铁北辰站用地。

(10)昆明南部汽车站用地。

(11)某省公安厅交通指挥大楼用地。

(12)某县教育局办公大楼用地。

任务五　面积分摊计算

任务目标

(1)区别土地面积、房屋面积的概念；

(2)陈述不动产面积分摊原则；

(3)了解并计算土地分摊面积。

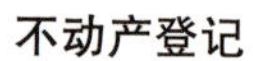

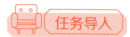

李×在市里某小区拥有住房一套，房屋面积如何计算？是否涉及土地面积？

一、房屋面积、土地面积的概念

（一）房屋面积的概念

房屋建筑面积为各层建筑面积之和，包括地下室面积。单层房屋无论其高度如何均按一层计算。单层房屋和多层房屋的底层建筑面积按外墙勒脚以上外围水平投影面积计算；多层房屋的二层及以上按外墙外围水平投影面积计算。地下室的建筑面积按其上口外墙外围水平投影面积计算。民用房屋计算建筑面积时按照国家颁发的《民用建筑通用规范》(GB 55031—2022)办理；其他房屋计算建筑面积时按照国家颁发的《建筑工程建筑面积计算规范》办理(GB/T 50353—2013)。

（二）土地面积的概念

土地面积是指一宗地权属界线范围内的水平投影面积。因此，土地权属界址一旦确定，土地面积也随之确定。若某宗地的权属来源证明文件上的界址范围与实地一致，但面积不一致，则一律以界址范围为准，更正土地面积数据。根据权利人对宗地的使用情况，土地面积可分为独用面积、共用面积、共用分摊面积。

在不动产登记工作中，涉及的土地面积单位常见有 m^2、亩、hm^2，三者之间的换算关系为 1 hm^2＝10 000 m^2＝15 亩。

二、房屋面积分摊计算

（一）商品房按“套”或“单元”出售

商品房的销售面积即购房者所购买的套内或单元内建筑面积(以下简称套内建筑面积)与应分摊的公用建筑面积之和。

商品房销售面积＝套内建筑面积＋分摊的公用建筑面积

（二）套内建筑面积的组成

(1)套(单元)内的使用面积。

(2)套内墙体面积。

(3)阳台建筑面积。

(三)套内建筑面积各部分的计算原则

(1)套(单元)内的使用面积：住宅按《住宅设计规范》(GB 50096—2011)规定的方法计算。其他建筑按照专用建筑设计规范规定的方法或参照《住宅设计规范》(GB 50096—2011)计算。

(2)套内墙体面积：商品房各套(单元)内使用空间周围的维护或承重墙体，分为共用墙及非共用墙两种。商品房各套(单元)之间的分隔墙、套(单元)与公用建筑空间之间的分隔墙及外墙(包括山墙)均为共用墙，共用墙墙体水平投影面积的一半计入套内墙体面积。非共用墙墙体水平投影面积全部计入套内墙体面积。

(3)阳台建筑面积：按现行国家标准《建筑面积计算规则》进行计算。

(4)套内建筑面积的计算公式为

套内建筑面积＝套内使用面积＋套内墙体面积＋阳台建筑面积

(四)公用建筑面积的组成

(1)电梯井、楼梯间、垃圾道、变电室、设备间、公共门厅和过道、地下室、值班警卫室，以及其他功能上为整栋建筑服务的公共用房和管理用房建筑面积。

(2)套(单元)与公用建筑空间之间的分隔墙及外墙(包括山墙)墙体水平投影面积的一半。

(五)公用建筑面积的计算原则

凡已作为独立使用空间销售或出租的地下室、车棚等，不应计入公用建筑面积部分。作为人防工程的地下室也不计入公用建筑面积。

公用建筑面积按以下方法计算：整栋建筑物的建筑面积扣除整栋建筑物各套(单元)套内建筑面积之和，并扣除已作为独立使用空间销售或出租的地下室、车棚及人防工程等建筑面积，即整栋建筑物的公用建筑面积。

三、分摊土地面积

(1)各权利人在获得房地产时已签订合约，并明确约定了各自应享有的房地产份额或面积的，登记时则按合约明确的份额或面积计算各权利人的用地面积。

(2)若未明确各权利人的用地面积，则以各权利人拥有的房屋建筑面积按比例分摊土地面积。分摊时先分摊基底面积，再分摊公共面积。

1)分摊基底面积＝本栋基底面积×(权利人建筑面积/本栋建筑面积)。

2)分摊公共面积＝(共有使用权面积－宗地总基底面积)×(权利人建筑面积/宗地总建筑面积)。

3)权利人用地面积＝分摊基底面积＋分摊公共面积＋权利人的其他面积。

(3)若一宗地中具有不同土地类别且没有按类别划分宗地的，在需要计算土地分类面积时，可以依据地形图、房地产现状图或宗地图来用图解法测算并按建筑面积分摊，各类用地面积之和应等于总用地面积。

(4)当一宗地按用途批准建设时，对于为主要用途服务的配套设施用地可不分类计算，如住宅用地里的小花园、绿化地、通行道路等，工业用地里的道路、绿化地、职工食堂及单身宿舍等。

(5)当只有一个权利人的宗地内房屋的用途不同时，若地面上能划清界线，则按上述方法处理；若无法划清界线，则按不同用途房屋的建筑面积分摊土地面积，如综合性大楼(多为商业、办公、住宅混合型大楼)，具体分摊方法同前。

四、某地住宅小区用地登记相关规定(部分)

宗地划分及面积分摊如下：

(1)商品房性质的院落式小区住宅用地，以封闭围栏、围墙等形成的界址划分宗地；商品房性质的开放式小区住宅用地，除纳入市政道路和公共的用地外，可依据几幢相近的楼房外围的明显地物划为一个宗地；商住一体或办公住宅一体的建筑，以建筑占地范围划分宗地；机关团体、企事业单位内的房改房，原划定的宗地不变。

(2)宗地内以住宅为单位，按住宅的坐落和房号编排宗地分户地籍号。

(3)宗地内各楼房的建筑占地面积，为该宗地分户土地使用者土地使用权的分摊总面积。每幢楼房以楼房内各分户的建筑面积之和，分摊该楼房建筑占地面积。分摊的用地面积保留到小数点后两位。

(4)宗地内的空地、绿地、车棚、通道、其他设施(不包括住房独自使用部分)等公共用地不分摊给宗地内各分户。宗地地下建筑部分不参加土地使用权面积分摊。

(5)宗地内各楼房占地的土地使用权面积分摊后，涉及原宗地土地使用者土地面积变化的，应对原发证面积作相应扣减，并办理变更登记。原未发证的宗地，扣除分户的土地使用权面积后，未分摊的用地，应进行登记发证，产权证书发给宗地管理者，证书上和登记卡续表上注明用地类型；没有宗地管理者的，只登记不发证。

任务实施

李×的这套住房，其房屋面积与土地面积的计算规则如下：

____，

____，

____，

____。

子任务一

换算土地面积

(1)昆明圆通山动物园占地 26 hm^2，请将 hm^2 换算为 m^2、亩。

(2)云南省宜良县辖区总面积为 1 913.68 km^2，请换算为 hm^2、亩。

子任务二

计算分摊面积

(1)一幢商业大厦占地 600 m^2，大厦建筑面积为 4 500 m^2，共 7 层。楼中有甲、乙两家大型商业零售企业，其中甲拥有 1～3 层产权，建筑面积为 1 800 m^2，乙拥有 4～7 层产权。计算乙拥有的土地面积。

(2)一个居民小区用地面积 1 700 m^2，小区内有 1、2、3 幢居民楼，楼房占地面积分别为 203 m^2、200 m^2、300 m^2，每幢楼房建筑面积分别为 1 400 m^2、2 000 m^2、4 500 m^2，楼层分别为 7 层、10 层、15 层，每幢中每户的住房建筑面积相同，分别为 100 m^2、100 m^2、150 m^2。计算 1、2、3 幢每户住房理论上应分摊的土地面积。

任务六　填写地籍调查表

任务目标

完成地籍调查表的填写。

任务导入

假设把学校的学生宿舍区作为一宗地，把学生单间宿舍假设为定着物单元，进行地籍调查时，应当如何填写该不动产单元的“地籍调查表”?

知识链接

一、调查表格式

地籍调查表包括封面(图 3-7)、宗地调查表、房屋调查表等各类表格。

编号：

地籍调查表

宗地/宗海代码：

调查单位(机构)：

调查时间：　　　　年　　月　　日

图 3-7　地籍调查表封面

宗地调查表由宗地基本信息表(表 3-3)、界址标示表(表 3-4)、界址签章表(表 3-5)、宗地草图(表 3-6)、界址说明表(表 3-7)和调查审核表(表 3-8)组成。

表 3-3　宗地基本信息表

<table>
<tr><td colspan="9">宗地基本信息表</td></tr>
<tr><td>所有权</td><td>权利人</td><td colspan="7"></td></tr>
<tr><td rowspan="4">使用权</td><td rowspan="4">□权利人
□实际使用人</td><td rowspan="4" colspan="2"></td><td colspan="3">权利人或实际使用人类型</td><td colspan="2"></td></tr>
<tr><td colspan="3">证件种类</td><td colspan="2"></td></tr>
<tr><td colspan="3">证件号</td><td colspan="2"></td></tr>
<tr><td colspan="3">通信地址及联系电话</td><td colspan="2"></td></tr>
<tr><td colspan="2">权利类型</td><td colspan="2"></td><td>权利性质</td><td colspan="2"></td><td>土地权属来源证明材料</td><td></td></tr>
<tr><td colspan="2">坐落</td><td colspan="7"></td></tr>
<tr><td colspan="2" rowspan="2">法定代表人
或负责人姓名</td><td rowspan="2"></td><td>证件种类</td><td colspan="3"></td><td rowspan="2">电话</td><td rowspan="2"></td></tr>
<tr><td>证件号</td><td colspan="3"></td></tr>
<tr><td colspan="2" rowspan="2">代理人姓名</td><td rowspan="2"></td><td>证件种类</td><td colspan="3"></td><td rowspan="2">电话</td><td rowspan="2"></td></tr>
<tr><td>证件号</td><td colspan="3"></td></tr>
<tr><td colspan="2">权利设定方式</td><td colspan="7"></td></tr>
<tr><td colspan="2">国民经济行业分类代码</td><td colspan="7"></td></tr>
<tr><td colspan="2">预编宗地代码</td><td colspan="2"></td><td colspan="2">宗地代码</td><td colspan="3"></td></tr>
<tr><td colspan="2">不动产单元代码</td><td colspan="7"></td></tr>
<tr><td colspan="2" rowspan="2">所在图幅号</td><td>比例尺</td><td colspan="6"></td></tr>
<tr><td>图幅号</td><td colspan="6"></td></tr>
<tr><td colspan="2" rowspan="4">宗地四至</td><td colspan="7">北：</td></tr>
<tr><td colspan="7">东：</td></tr>
<tr><td colspan="7">南：</td></tr>
<tr><td colspan="7">西：</td></tr>
<tr><td colspan="2">等级</td><td colspan="2"></td><td colspan="3">价格/元</td><td colspan="2"></td></tr>
<tr><td colspan="2" rowspan="2">批准用途</td><td colspan="2"></td><td colspan="2" rowspan="2">实际用途</td><td colspan="3"></td></tr>
<tr><td>地类编码</td><td></td><td colspan="2">地类编码</td><td></td></tr>
<tr><td colspan="2" rowspan="2">批准面积/m²</td><td rowspan="2"></td><td rowspan="2">宗地面积
/m²</td><td colspan="2" rowspan="2"></td><td colspan="2">总建筑占地面积/m²</td><td></td></tr>
<tr><td colspan="2">总建筑面积/m²</td><td></td></tr>
<tr><td colspan="2">土地使用期限</td><td colspan="7"></td></tr>
<tr><td colspan="2">共有情况</td><td colspan="7"></td></tr>
<tr><td colspan="2">说明</td><td colspan="7"></td></tr>
</table>

填表人：　　　　　　　　　　　　　　　　　　　填表时间：　　　年　　　月　　　日

表 3-4　界址标示表

界址标示表																		
界址点号	界标类型					界址边长/m	界址线类别								界址线位置			说明
	钢钉	混凝土桩	喷涂				道路	沟渠	围墙	墙壁	栅栏	田埂	滴水线		内	中	外	

填表人：　　　　　　　　　　　　　　填表时间：　　　年　　　月　　　日

表 3-5　界址签章表

界址签章表						
界址线			邻宗地		本宗地	日期
起点号	中间点号	终点号	相邻宗地权利人(宗地号)	指界人姓名(签章)	指界人姓名(签章)	

填表人：　　　　　　　　　　　　　　填表时间：　　　年　　　月　　　日

表 3-6　宗地草图

<table>
<tr><td colspan="6">宗地草图
北</td></tr>
<tr><td>丈量者</td><td></td><td>丈量日期</td><td></td><td rowspan="2">概略比例尺</td><td rowspan="2"></td></tr>
<tr><td>检查者</td><td></td><td>检查日期</td><td></td></tr>
</table>

表 3-7　界址说明表

界址说明表	
界址点位说明	
界址线走向说明	

填表人：　　　　填表时间：　　年　　月　　日

表 3-8 调查审核表

调查审核表	
权属调查记事	调查员签名：　　日期：　年　月　日
不动产测绘记事	测量员签名：　　日期：　年　月　日
审核意见	审核人签名：　　日期：　年　月　日

二、调查表填写要求

(1)调查表以宗地为基础，按不动产单元为单位填写。

(2)调查表必须做到图表内容与实地一致，表达准确无误，字迹清晰整洁。

(3)表中填写的项目不得涂改，每一处只允许划改一次，划改符号用“\”表示，并在划改处由划改人员签字或盖章；全表划改不超过 2 处。

(4)表中各栏目应填写齐全，不得空项；确属不填的栏目，使用“/”符号填充。

(5)文字内容使用蓝黑钢笔或黑色签字笔填写，亦可采用计算机打印输出；不得使用谐音字、国家未批准的简化字或缩写名称；签名签字部分需手写。

(6)项目栏的内容填写不下的可另加附页；宗地草图可以附贴。凡附页和附贴的，应加盖相关单位部门印章。

三、地籍调查表的填写说明

(一)宗地基本信息表的填写方法

1. 权利人或实际使用人状况

按照下列规定填写权利人或实际使用人的状况：

(1)当无权属来源材料时，画“√”选择实际使用人，否则选择权利人。

(2)所有权、权利人。属于国家所有的，权利人填写全民；属于集体所有的，权利人填写××农民集体；如两个以上农民集体所有，则将共有的全部农民集体名称填入表中。

(3)使用权、权利人或实际使用人。填写权利人或实际使用人身份证件上的姓名或名称。对于共有宗地，填写全部权利人或实际使用人身份证件上的姓名或名称，如因权利人或实际使用人太多填写不下时，则填写“×××等”，并附加页填写全部权利人或实际使用人身份证件上的姓名或名称：

1)权利人或实际使用人类型。填写个人、企业、事业单位、国家机关等。

2)证件种类。填写权利人或实际使用人身份证件的种类；境内自然人，填写居民身份证，无居民身份证的，填写户口簿、军官证等；法人或其他组织，填写营业执照、法人证书等；港澳同胞，填写港澳居民来往内地通行证、港澳同胞回乡证、居民身份证；台湾同胞，填写台湾居民来往大陆通行证、其他有效旅行证件、在台湾地区居住的有效身份证件、经确认的身份证件；外籍人士，填写护照或中国政府主管机关签发的居留证件。

3)证件号。填写权利人或实际使用人身份证件上的编号。

4)通信地址及联系电话。填写权利人或实际使用人的通信地址、邮政编码及联系电话。

(4)法定代表人或负责人姓名。法人单位的，填写法定代表人姓名、身份证号码和联系电话；非法人单位的，填写负责人相关信息；个人的，填充“/”符号。

1)证件种类。填写法定代表人或负责人身份证件的种类；境内自然人，填写居民身份证，无居民身份证的，填写户口簿、军官证等；港澳同胞，填写港澳居民来往内地通行证、港澳同胞回乡证、居民身份证；台湾同胞，填写台湾居民来往大陆通行证、其他有效旅行证件、在台湾地区居住的有效身份证件、经确认的身份证件；外籍人士，填写护照或中国政府主管机关签发的居留证件。

2)证件号。填写法定代表人或负责人身份证件上的编号。

(5)代理人姓名。填写代理人姓名、身份证号码和联系电话。无代理的，填充“/”符号。

1)证件种类。填写代理人身份证件的种类；境内自然人，填写居民身份证，无居民身份证的，填写户口簿、军官证等；港澳同胞，填写港澳居民来往内地通行证、港澳同胞回乡证、居民身份证；台湾同胞，填写台湾居民来往大陆通行证、其他有效旅行证件、在台湾地区居住的有效身份证件、经确认的身份证件；外籍人士，填写护照或中国政府主管机关签发的居留证件。

2)证件号。填写代理人身份证件上的编号。

2. 权属状况

按照下列规定填写权属状况：

(1)权利类型。填写具体的权利类型，包括集体土地所有权、国家土地所有权、国有建设用地使用权、宅基地使用权、集体建设用地使用权、土地承包经营权、土地经营权、农用地的其他使用权、林地承包经营权、林地经营权、林地使用权等；其中，土地承包经营权、土地经营权包括耕地、园地、林地、草地、水域滩涂等土地承包经营权或土地经营权。

(2)权利性质。国有土地的，填写划拨、出让、作价出资(入股)、国有土地租赁、授权经营、出租(转包)、转让、家庭承包、其他方式承包等；集体土地的，填写家庭承包、出租(转包)、转让、其他方式承包、批准拨用、入股、联营等；土地所有权，填充“/”符号。

(3)权利设定方式。填写地上、地表、地下。

(4)土地权属来源证明材料。填写土地权属来源证明材料的名称和编号。

(5)批准用途和地类编码。填写土地权属来源证明材料中的地类名称和编码。

(6)实际用途和地类编码。填写按照《土地利用现状分类》(GB/T 21010—2017)及相关规定的地类名称和地类编码；当涉及多种地类时，填写主要地类名称和地类编码，其他地类名称和地类编码在说明栏中进行填写；对集体土地所有权宗地，不填写批准用途和实际用途，在说明栏填写“本宗地的实际用途见集体土地所有权宗地分类面积表”。

(7)国民经济行业分类代码。根据《国民经济行业分类》(GB/T 4754—2017)的大类，填写类别名称及编码；没有的，填充“/”符号。

(8)土地使用期限。填写土地权属来源材料中的使用期限，例如，××××年××月××日起××××年××月××日止；有起始时间而无终止时间的，填写××××年××月××日起；无起始时间而有终止时间的，填写××××年××月××日止；宗地内有多种使用期限的，则分别填写；集体土地所有权宗地填充“/”符号；土地权属来源材料或无土地权属来源材料中没有使用期限的，填充“/”符号。

(9)共有情况。填写按份共有或共同共有，以及共有权利人的名称、权利人类型、证件种类、证件号、份额等；无共有情况的，填充“/”符号；如因权利人过多填写不下时，可附页。

(10)等级。填写根据土地分等定级的成果确定的土地等别或级别。

(11)价格。填写公开交易的实际成交价格；没有实际成交价的填写基准地价或标定地价。

3. 宗地位置与代码

按照下列规定填写宗地位置与代码：

(1)坐落。如果权属来源材料中有2个以上的坐落，则填写最新权属来源材料中标示的坐落，其余坐落填写在说明栏目中；对于无权属来源材料或权属来源材料中坐落标示不清的，则根据相关政策法规、技术标准中有关地名地址编制的规定，统筹考虑土地权利类型的不同和宗地所处的地理区位，经实地核实后编制填写坐落。

(2)预编宗地代码。填写根据工作底图预编的宗地代码。

(3)宗地代码。填写根据《不动产单元设定与代码编制规则》(GB/T 37346—2019)的规定编制的宗地代码。

(4)不动产单元代码。填写根据《不动产单元设定与代码编制规则》(GB/T 37346—2019)的规定编制的不动产单元代码；若宗地上有定着物，填充“/”符号。

(5)所在图幅号。

1)比例尺。填写1∶500、1∶1 000、1∶2 000、1∶5 000、1∶10 000或1∶50 000等。

2)图幅号。填写宗地所在对应比例尺地籍图的图幅号；当宗地被多幅图分割时，则宗地各部分地块所在地籍图的图幅号都要填写。

(6)宗地四至。有相邻宗地的，填写相邻宗地权利人或实际使用人的名称；与道路、河流等线型地物相邻的，填写线型地物名称；与空地、荒山、荒滩等未确定使用权的土地相邻，填写相应地物、地貌、地类的名称，不应空项。

4. 面积情况

按照下列规定填写面积情况：

(1)批准面积。填写土地权属来源材料中的宗地面积，如包含有代征地、代管地面积的，应在说明栏内说明清楚。

(2)宗地面积。填写经地籍调查得到的实际占有/占用的宗地面积。

(3)总建筑占地面积。填写宗地内总建筑占地面积。

(4)总建筑面积。填写宗地内总建筑面积；宗地内若有地下建筑物，则地上建筑物与地下建筑物应分别填写总建筑面积，用“/”作为分隔符，如“1 000.00/300.00”，其中，“1 000.00”表示宗地地上总建筑面积，“300.00”表示地下总建筑面积。

5. 说明

按照下列规定填写说明栏。日常地籍调查时，下列内容可在地籍调查报告的权属调查部分进行说明：

(1)土地权属来源证明材料的情况：无权属来源材料的，按照时间节点详细说明实际使用人及其历史沿革，如填写不下，可附页，实际使用人应在附页上手工签字并加盖印章或按手印。

(2)原土地权利人、土地坐落、宗地代码的变更原因。

(3)集体土地所有权宗地内涉及国有土地或其他农民集体土地的情况。

(4)宗地内存在多种土地用途的情况。

(5)其他需说明的内容。

(二)界址标示表的填写方法

按照下列规定填写界址标示表：

(1)界址点号。从宗地某界址点开始按顺时针编列，如 J1、J2、……、J23、J1。

(2)界标类型。根据实际埋设的界标类型在相应位置画“√”；表中没有明示的界标类型，补充在“界标类型”栏空白格中，如“石灰桩”等。

(3)界址边长。界址边长小于或等于 2 个尺段的，填写实地丈量的界址边长；界址边长大于 2 个尺段并采用解析法测量界址点坐标的，可填写坐标法反算界址边长，并在说明栏标注“反算”二字；图解界址边长不填写。

(4)界址线类别。根据界线实际依附的地物和地貌在相应位置画“√”，表中没有明示的界址线类别，补充在“界址线类别”栏空白格中，如“山脊线”“山谷线”等。

(5)界址线位置。界标物自有、共有、借用的，分别在“外”处画“√”、“中”处画“√”、“内”处画“√”；分别自有的在“外”处画“√”，并在“说明”栏中注明，例如“各自有墙”或“双墙”。

(三)界址签章表的填写方法

按照下列规定填写界址签章表：

(1)界址线起点号、中间点号、终点号。示例：某条界址线的界址点包括：J1、J2、J3、J4、J5、J24、J25、J6，则起点号填 J1，终点号填 J6，中间点号填 J2、J3、J4、J5、J24、J25。

(2)相邻宗地权利人(宗地号)。填写相邻宗地权利人名称(或姓名)或相邻宗地的宗地号；与道路、河流等线型地物，或空地、荒山、荒滩等未确定使用权的土地相邻时，参考“宗地四至”填写。

(3)指界人姓名(签章)。指界人签字、盖章或按手印；集体土地所有权调查时，应加盖集体土地所有权人或代理人(如村委会)印章；与未确定使用权的土地相邻时，邻宗地“指界人姓名(签章)”栏可不填写。

(4)日期。填写外业调查指界日期。

(四)界址说明表的填写方法

如果界址标示表无法说明清楚全部或部分界址点、界址线的情况，则需要填写此表，填写要求如下：

(1)界址点位说明：工作底图和宗地草图，主要说明所依附地物的类型、位置(内、中、外)及其与周围明显地物地貌的关系；例如J2号点位于两沟渠中心线的交点上，J5号界址点位于××山顶最高处，J3号界址点位于××工厂围墙西北角处，J8号界址点位于农村道路与××公路交叉点中心，J10号界址点位于××承包田西南角等。

(2)界址线走向说明：以两个相邻界址点为一节，叙述界址线所依附的地物地貌名称及其与周围宗地和地物地貌的关系；例如J1-J2，由J1沿××公路中央走向至J2，是直线；J4-J5，由J4沿山脊线至J5，是曲线；J9-J10，由J9沿××学校东侧围墙至J10，是直线；J6-J7-J8，由J6沿围墙的外侧到J8，是弧线等。

(五)调查审核表的填写方法

地籍总调查时，按照下列规定填写调查审核表。日常地籍调查可不填写调查审核表，直接编制地籍调查报告。

(1)权属调查记事栏的填写方法如下：

1)实地核实申请书有关栏目填写是否正确，不正确的做更正说明。

2)界线有纠纷时，要记录纠纷原因(含双方各自认定的界址)，并尽可能提出处理意见。

3)指界手续履行等情况。

4)界址设置、边长丈量等技术方法、手段。

5)说明确实无法丈量界址边长、界址点与邻近地物的相关距离和条件距离的原因。

(2)不动产测绘记事栏的填写方法如下：

1)测量前界标检查情况。

2)根据需要，记录测量界址点及其他要素的技术方法、仪器。

3)测算的宗地面积大于或小于权源材料中面积的说明，宅基地超占面积的说明，权源材料中无面积的说明。

4)界址点坐标或边长与权源材料中坐标比较，超出限差的说明。

5)遇到的问题及处理的方法。

6)提出遗留问题的处理意见。

(3)审核意见栏的填写方法：调查单位(机构)的质量负责人对宗地调查结果进行全面审核，并给出审核意见，签字后加盖单位印章，签署日期。

(六)宗地草图示例

宗地草图示例，如图3-8所示。

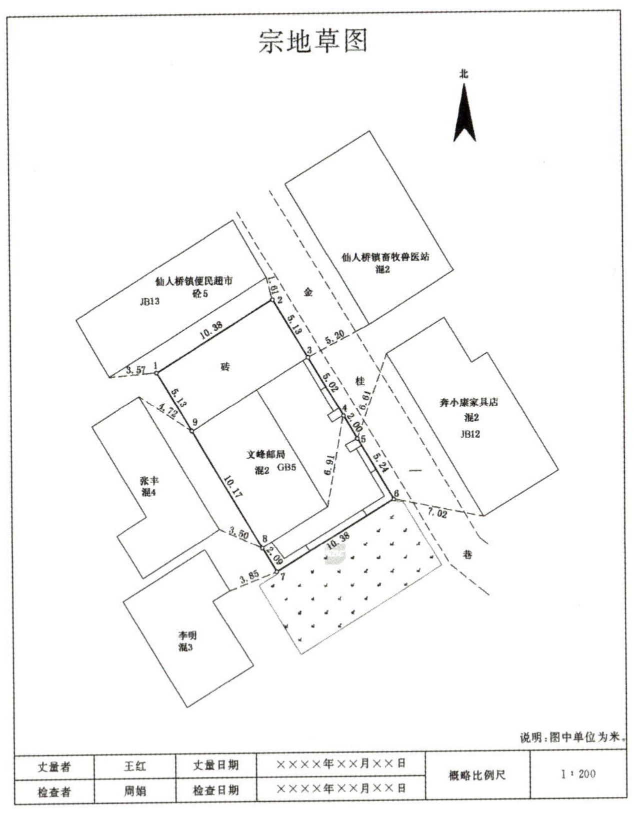

图 3-8　宗地草图示例

四、地籍调查时涉及的其他表格

调查时，如有涉及共用宗地、集体土地所有权宗地、房屋、建筑区分所有权等其他情况，还需填写相应的共有/共用宗地面积分摊表、集体土地所有权宗地分类面积调查表、房屋调查表、建筑物区分所有权业主共有部分调查表（表 3-9～表 3-12）。

表 3-9　共有/共用宗地面积分摊表

共有/共用宗地面积分摊表			
土地坐落			
宗地代码			
宗地面积/m²		定着物单元数	
定着物代码	土地所有权/使用权面积/m²	独有/独用土地面积/m²	分摊土地面积/m²
合计			
备注			
注：无共有/共用情况的无须填写此表			

表 3-10　集体土地所有权宗地分类面积调查表

<table>
<tr><td colspan="4">集体土地所有权宗地分类面积调查表　　　单位：m²/公顷/亩</td></tr>
<tr><td colspan="3">权利人</td><td></td></tr>
<tr><td colspan="3">宗地代码</td><td> 宗地面积</td></tr>
<tr><td rowspan="7">分类面积</td><td colspan="2">农用地</td><td></td></tr>
<tr><td rowspan="4">其中</td><td>耕地</td><td></td></tr>
<tr><td>林地</td><td></td></tr>
<tr><td>草地</td><td></td></tr>
<tr><td>其他</td><td></td></tr>
<tr><td colspan="2">建设用地</td><td></td></tr>
<tr><td colspan="2">未利用地</td><td></td></tr>
<tr><td colspan="3">说明</td><td></td></tr>
</table>

填表人：　　　　　　　　　　填表时间：　　年　　月　　日

注：集体土地所有权宗地调查时需填写此表

表 3-11　房屋调查表

<table>
<tr><td colspan="19">房屋调查表</td></tr>
<tr><td>不动产单元代码</td><td colspan="18">县级行政区代码　　地籍区代码　　地籍子区代码
宗地号　　定着物单元(房屋)代码</td></tr>
<tr><td>房屋定着物单元类型</td><td colspan="9">□幢　□层　□套　□间</td><td colspan="2">项目名称</td><td colspan="7"></td></tr>
<tr><td>房地坐落</td><td colspan="11"></td><td colspan="2">邮政编码</td><td colspan="5"></td></tr>
<tr><td rowspan="3">□所有权人
□实际使用人</td><td colspan="6" rowspan="3"></td><td colspan="4">证件种类</td><td colspan="8"></td></tr>
<tr><td colspan="4">证件号</td><td colspan="8"></td></tr>
<tr><td colspan="4">住宅及联系电话</td><td colspan="8"></td></tr>
<tr><td>房屋所有权人或实际使用人类型</td><td colspan="4"></td><td colspan="2">规划用途</td><td colspan="4"></td><td rowspan="3">共有情况</td><td colspan="7" rowspan="3"></td></tr>
<tr><td>房屋性质</td><td colspan="4"></td><td colspan="2">实际用途</td><td colspan="4"></td></tr>
<tr><td>共有建筑面积/m²</td><td colspan="10"></td></tr>
<tr><td rowspan="7">房屋状况</td><td rowspan="2">幢号</td><td rowspan="2">户号</td><td rowspan="2">总套数</td><td rowspan="2">总层数</td><td rowspan="2">所在层</td><td rowspan="2">房屋结构</td><td rowspan="2">竣工时间</td><td rowspan="2">户型</td><td rowspan="2">朝向</td><td rowspan="2">建筑占地面积/m²</td><td rowspan="2">建筑面积/m²</td><td rowspan="2">专有建筑面积/m²</td><td rowspan="2">分摊建筑面积/m²</td><td rowspan="2">产权来源</td><td colspan="4">墙体归属</td></tr>
<tr><td>东</td><td>南</td><td>西</td><td>北</td></tr>
<tr><td></td><td></td><td></td><td></td><td></td><td></td><td></td><td></td><td></td><td></td><td></td><td></td><td></td><td></td><td></td><td></td><td></td><td></td></tr>
<tr><td></td><td></td><td></td><td></td><td></td><td></td><td></td><td></td><td></td><td></td><td></td><td></td><td></td><td></td><td></td><td></td><td></td><td></td></tr>
<tr><td></td><td></td><td></td><td></td><td></td><td></td><td></td><td></td><td></td><td></td><td></td><td></td><td></td><td></td><td></td><td></td><td></td><td></td></tr>
<tr><td></td><td></td><td></td><td></td><td></td><td></td><td></td><td></td><td></td><td></td><td></td><td></td><td></td><td></td><td></td><td></td><td></td><td></td></tr>
<tr><td></td><td></td><td></td><td></td><td></td><td></td><td></td><td></td><td></td><td></td><td></td><td></td><td></td><td></td><td></td><td></td><td></td><td></td></tr>
<tr><td rowspan="2">房产草图</td><td colspan="11" rowspan="2"></td><td colspan="2">附加说明</td><td colspan="5"></td></tr>
<tr><td colspan="2">调查成果审核意见</td><td colspan="5"></td></tr>
</table>

调查员：　　　　　　　　　　审核人：

表 3-12　建筑物区分所有权业主共有部分调查表

<table>
<tr><td colspan="6">建筑物区分所有权业主共有部分调查表</td></tr>
<tr><td colspan="6">宗地代码：　　　　项目名称：　　　　总幢数：</td></tr>
<tr><td>幢号</td><td>户号</td><td>所在层</td><td>共有部分名称</td><td>共有建筑面积/m²</td><td>共有部分说明</td></tr>
<tr><td></td><td></td><td></td><td></td><td></td><td></td></tr>
<tr><td></td><td></td><td></td><td></td><td></td><td></td></tr>
<tr><td></td><td></td><td></td><td></td><td></td><td></td></tr>
<tr><td></td><td></td><td></td><td></td><td></td><td></td></tr>
<tr><td></td><td></td><td></td><td></td><td></td><td></td></tr>
<tr><td></td><td></td><td></td><td></td><td></td><td></td></tr>
</table>

填表人：　　　　　　　　　　　　　　　　　填表时间：　　　年　　　月　　　日

示例范本

填写地籍调查表

×县(530325)第 5 地籍区第 3 地籍子区沙湾镇湾沟村第一村民小组的集体所有权土地上，使用权宗地顺序号为 145 的地块为农村宅基地，该处宅基地上建有1 栋住房，产权人为刘××，该户还有成员王××(丈夫)、王×(长子)、王×(次子)。用地面积为 145.64 m²，房屋建筑面积为 131.10 m²。现对该不动产单元进行地籍调查，填写地籍调查表(表 3-13～表 3-19)。

表 3-13　宗地基本信息表填写示例

<table>
<tr><td colspan="9">宗地基本信息表</td></tr>
<tr><td>所有权</td><td>权利人</td><td colspan="7">×县沙湾镇湾沟村第一村民小组农民集体</td></tr>
<tr><td rowspan="4">使用权</td><td rowspan="4">☑权利人
☑实际使用人</td><td colspan="2" rowspan="4">刘××</td><td colspan="3">权利人或实际使用人类型</td><td colspan="2">个人</td></tr>
<tr><td colspan="3">证件种类</td><td colspan="2">身份证</td></tr>
<tr><td colspan="3">证件号</td><td colspan="2">530325××××××××0025</td></tr>
<tr><td colspan="3">通信地址及联系电话</td><td colspan="2">沙湾镇湾沟村红星路 45 号
135××××××××</td></tr>
<tr><td colspan="2">权利类型</td><td colspan="2">宅基地使用权</td><td>权利性质</td><td colspan="2">批准拨用</td><td>土地权属来源证明材料</td><td>1. 政府批文
2. 相关协议
3. ……</td></tr>
<tr><td colspan="2">坐落</td><td colspan="7">×县沙湾镇湾沟村第一村民小组红星路 45 号</td></tr>
<tr><td colspan="2" rowspan="2">法定代表人
或负责人姓名</td><td rowspan="2">/</td><td>证件种类</td><td colspan="3">/</td><td rowspan="2">电话</td><td rowspan="2">135××××××××</td></tr>
<tr><td>证件号</td><td colspan="3">/</td></tr>
<tr><td colspan="2" rowspan="2">代理人姓名</td><td rowspan="2">/</td><td>证件种类</td><td colspan="3">/</td><td rowspan="2">电话</td><td rowspan="2">/</td></tr>
<tr><td>证件号</td><td colspan="3">/</td></tr>
<tr><td colspan="2">权利设定方式</td><td colspan="7">地表</td></tr>
<tr><td colspan="2">国民经济行业分类代码</td><td colspan="7">/</td></tr>
<tr><td colspan="2">预编宗地代码</td><td colspan="2">005—003—145</td><td colspan="2">宗地代码</td><td colspan="3">530325005003JC00145</td></tr>
</table>

续表

不动产单元代码	530325005003JC00145F00010001				
所在图幅号	比例尺	1∶200			
	图幅号	2927.00-525.50			
宗地四至	北：李菊华				
	东：道路				
	南：普丽华				
	西：坡地				
等级	/		价格/元	/	
批准用途	农村宅基地		实际用途	农村宅基地	
	地类编码	0702		地类编码	0702
批准面积/m²	150	宗地面积/m²	145.64	总建筑占地面积/m²	65.55
				总建筑面积/m²	131.10
土地使用期限	/				
共有情况	农村宅基地按户共同共有： 王××(丈夫)，身份证号：530325××××××××0019 王×(长子)，身份证号：530325××××××××6039 王×(次子)，身份证号：530325 ×××××××× 6019				
说明	/				

填表人：张三　　　　填表时间：2023 年 11 月 5 日

表 3-14　界址标示表填写示例

界址标示表																		
界址点号	界标类型					界址间距/m	界址线类别								界址线位置			说明
	钢钉	混凝土桩	喷涂				道路	沟渠	围墙	墙壁	栅栏	田埂	滴水线	门	内	中	外	
J1			√			1.50			√						√			借用墙
J2			√			2.60				√					√			借用墙
J3			√			0.80				√					√			借用墙
J4			√			4.05				√					√			借用墙
J5			√			1.60			√						√			借用墙
J6			√			3.74				√					√			借用墙
J7			√			2.56								√			√	自有门
J8			√			9.12			√								√	自有墙
J9			√			3.98			√								√	自有墙
J10			√			4.00				√							√	自有墙
J11			√			0.83				√							√	自有墙
J12			√			2.66				√							√	自有墙
J13			√			1.51			√								√	自有墙
J14			√			10.98			√								√	自有墙
J1			√															

填表人：张三　　　　填表时间：2023 年 11 月 5 日

表 3-15　界址签章表填写示例

界址签章表						
界址线			邻宗地		本宗地	日期
起点号	中间点号	终点号	相邻宗地权利人（宗地号）	指界人姓名（签章）	指界人姓名（签章）	
J1	J2、J3、J4、J5、J6	J7	530325005003JC00144	李菊华	刘××	2023 年 11 月 5 日
J7	J8	J9	道路		刘××	2023 年 11 月 5 日
J9	J10、J11、J12、J13	J14	530325005003JC00146	普丽华	刘××	2023 年 11 月 5 日
J14		J1	坡地		刘××	2023 年 11 月 5 日

填表人：张三　　　　填表时间：2023 年 11 月 5 日

表 3-16　宗地草图填写示例

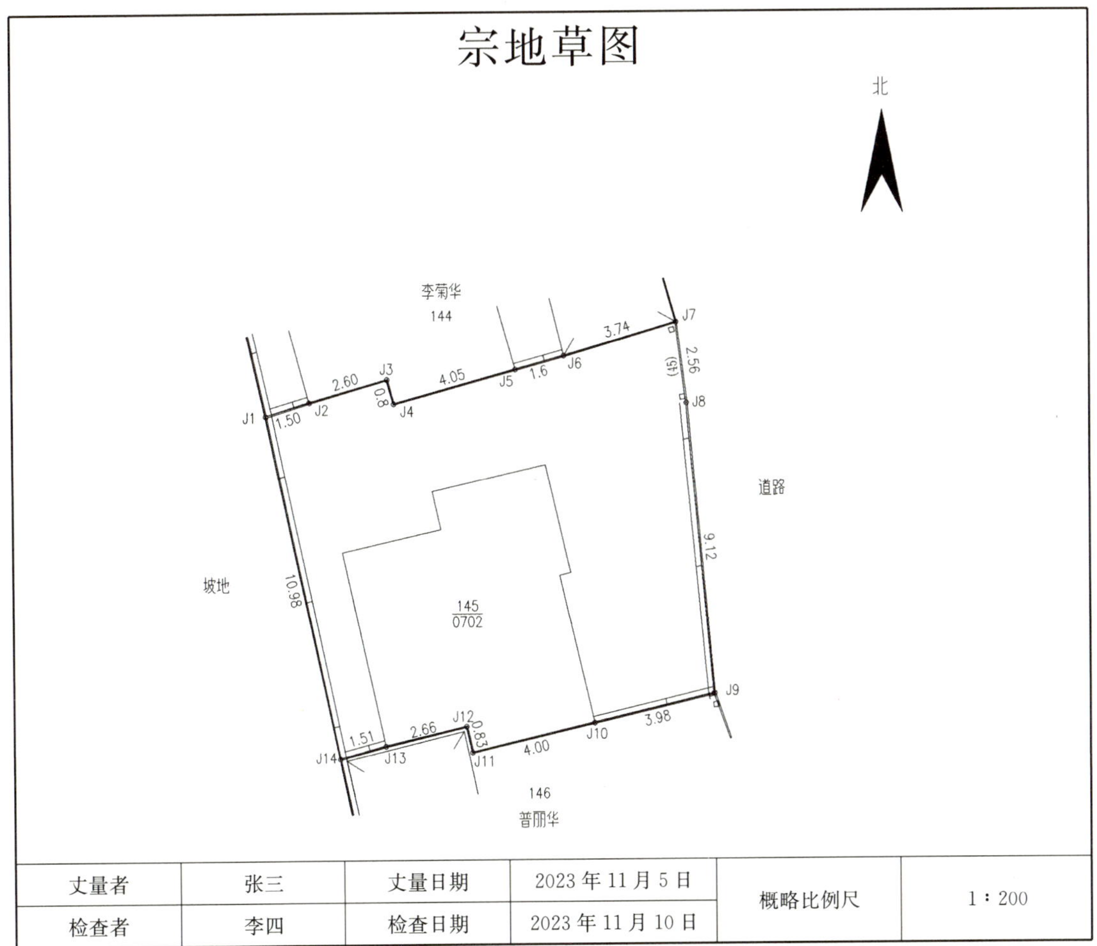

丈量者	张三	丈量日期	2023 年 11 月 5 日	概略比例尺	1∶200
检查者	李四	检查日期	2023 年 11 月 10 日		

表 3-17　界址说明表填写示例

<table>
<tr><th colspan="2">界址说明表</th></tr>
<tr><td>界址点位说明</td><td>7 号点大门北侧门墩上；8 号点大门南侧门墩上；9 号界址点位于本户围墙东南角处；10 号界址点位于本户围墙东南段与房屋东南角的交点。其余界址点如宗地草图所示</td></tr>
<tr><td>界址线走向说明</td><td>J1—J2，由 J1 沿李菊华围墙内侧至 J2，是直线；J2—J3、J3—J4、J4—J5，沿李菊华房屋墙壁内侧走向，是直线；J5—J6，由 J5 沿李菊华围墙内侧至 J6，是直线；J6—J7，由 J6 沿李菊华墙壁内侧至 J7，是直线；J7—J8，由 J7 沿大门走向至 J8，是直线；J8—J9、J9—J10，沿围墙外侧走向，是直线；J10—J11、J11—J12、J12—J13，沿房屋外墙走向，是直线；J13—J14、J14—J1，沿围墙外侧走向，是直线</td></tr>
</table>

填表人：张三　　　　　　　　填表时间：2023 年 11 月 5 日

表 3-18　调查审核表填写示例

<table>
<tr><th colspan="2">调查审核表</th></tr>
<tr><td>权属调查记事</td><td>该宗地权属合法，四至界线清楚，无争议。
调查员签名：张三　　日期：2023 年 11 月 5 日</td></tr>
<tr><td>不动产测绘记事</td><td>使用全站仪进行细部测量。
测量员签名：李四　　日期：2023 年 11 月 7 日</td></tr>
<tr><td>审核意见</td><td>该宗地权属合法，四至界线清楚，无争议。
调查员签名：黄五　　日期：2023 年 11 月 10 日</td></tr>
</table>

表 3-19　房屋调查表填写示例

<table>
<tr><th colspan="19">房屋调查表</th></tr>
<tr><td>不动产单元代码</td><td colspan="18">县级行政区代码 530325　地籍区代码 005　地籍子区代码 003
宗地号 00145　定着物单元(房屋)代码 F00010001</td></tr>
<tr><td>房屋定着物单元类型</td><td colspan="7">☑幢　□层　□套　□间</td><td colspan="4">项目名称</td><td colspan="7">刘××宅基地房屋</td></tr>
<tr><td>房地坐落</td><td colspan="11">×县沙湾镇湾沟村第一村民小组红星路 45 号</td><td colspan="2">邮政编码</td><td colspan="5">6×××××</td></tr>
<tr><td rowspan="3">☑所有权人
☑实际使用人</td><td colspan="7" rowspan="3">刘××</td><td colspan="3">证件种类</td><td colspan="8">身份证</td></tr>
<tr><td colspan="3">证件号</td><td colspan="8">530325××××××××0025</td></tr>
<tr><td colspan="3">住宅及联系电话</td><td colspan="8">沙湾镇湾沟村红星路 45 号　135××××××××</td></tr>
<tr><td>房屋所有权人或实际使用人类型</td><td colspan="4">个人</td><td colspan="3">规划用途</td><td colspan="3">住宅</td><td rowspan="3">共有情况</td><td colspan="7" rowspan="3">刘××、王××、王×、王×共同共有</td></tr>
<tr><td>房屋性质</td><td colspan="4">自建房</td><td colspan="3">实际用途</td><td colspan="3">住宅</td></tr>
<tr><td>共有建筑面积/m²</td><td colspan="10">131.10</td></tr>
<tr><td rowspan="6">房屋状况</td><td rowspan="2">幢号</td><td rowspan="2">户号</td><td rowspan="2">总套数</td><td rowspan="2">总层数</td><td rowspan="2">所在层</td><td rowspan="2">房屋结构</td><td rowspan="2">竣工时间</td><td rowspan="2">户型</td><td rowspan="2">朝向</td><td rowspan="2">建筑占地面积/m²</td><td rowspan="2">建筑面积/m²</td><td rowspan="2">专有建筑面积/m²</td><td rowspan="2">分摊建筑面积/m²</td><td rowspan="2">产权来源</td><td colspan="4">墙体归属</td></tr>
<tr><td>东</td><td>南</td><td>西</td><td>北</td></tr>
<tr><td>1</td><td>1</td><td>1</td><td>2</td><td>1—2</td><td>钢混</td><td>2023.7</td><td>四居室</td><td>南北</td><td>65.55</td><td>131.10</td><td>131.10</td><td>0</td><td>自建</td><td>自有墙</td><td>自有墙</td><td>自有墙</td><td>自有墙</td></tr>
<tr><td></td><td></td><td></td><td></td><td></td><td></td><td></td><td></td><td></td><td></td><td></td><td></td><td></td><td></td><td></td><td></td><td></td><td></td></tr>
<tr><td></td><td></td><td></td><td></td><td></td><td></td><td></td><td></td><td></td><td></td><td></td><td></td><td></td><td></td><td></td><td></td><td></td><td></td></tr>
<tr><td></td><td></td><td></td><td></td><td></td><td></td><td></td><td></td><td></td><td></td><td></td><td></td><td></td><td></td><td></td><td></td><td></td><td></td></tr>
<tr><td rowspan="2">房产草图</td><td colspan="10" rowspan="2">示意图略</td><td>附加说明</td><td colspan="7">/</td></tr>
<tr><td>调查成果审核意见</td><td colspan="7">房屋产权无纠纷</td></tr>
</table>

调查员：张三　　　　　　　　审核人：黄五

任务实施

填写其他不动产的地籍调查表

假设把学校的学生宿舍区作为一宗地，把学生单间宿舍作为定着物单元，进行地籍调查时，利用测量工具对不动产单元进行测量，然后到学校基建部门向专业教师咨询资料及相关数据，完成对该不动产单元的《地籍调查表》填写。

子任务

拓展问题

(1)某宗地南临城市道路，在地籍调查表中南邻的宗地使用者由谁来签字?

(2)学校绘水苑 4 幢 315 宿舍的定着物代码应该怎么编排?

(3)国有某宗地更换不动产证书时，工作人员发现旧的土地证书(2005 年颁发)中的地类为“50”，则新证书上的地类应该是什么?

自我评测习题集

一、单项选择题

1. 种植莲藕的土地在《土地利用现状分类》(GB/T 21010—2017)中属于(　　)。

   A. 坑塘水面　B. 湖泊水面　C. 水田　D. 河流水面

2. 用于种植橡胶的土地在《土地利用现状分类》(GB/T 21010—2017)中属于(　　)。

   A. 果园　B. 有林地　C. 其他林地　D. 橡胶园地

3. 某居住小区的车位用地在《土地利用现状分类》(GB/T 21010—2017)中属于(　　)。

   A. 城镇住宅用地　B. 街巷用地　C. 公路用地　D. 公用设施用地

4. 某农户住宅楼旁的自家车库用地在《土地利用现状分类》(GB/T 21010—2017)中属于(　　)。

   A. 农村宅基地　B. 街巷用地　C. 公路用地　D. 公用设施用地

5. 某商场的配套车库用地在《土地利用现状分类》(GB/T 21010—2017)中属于(　　)。

   A. 城镇住宅用地　B. 零售商业用地　C. 城镇村道路用地　D. 公用设施用地

6. 昆明地铁吴家营站用地在《土地利用现状分类》(GB/T 21010—2017)中属于(　　)。

   A. 铁路用地　B. 交通服务场站用地
   C. 城镇村道路用地　D. 轨道交通用地

7. 昆明火车站用地在《土地利用现状分类》(GB/T 21010—2017)中属于(　　)。

   A. 铁路用地　B. 交通服务场站用地
   C. 城镇村道路用地　D. 轨道交通用地

8. 昆明西北部汽车站用地在《土地利用现状分类》(GB/T 21010—2017)中属于(　　)。

A. 铁路用地　　B. 交通服务场站用地

C. 城镇村道路用地　　D. 轨道交通用地

9. 某派出所办公用地在《土地利用现状分类》(GB/T 21010—2017)中属于(　　)。

A. 机关团体用地　　B. 交通服务场站用地

C. 城镇村道路用地　　D. 轨道交通用地

10. ××市政府大楼用地在《土地利用现状分类》(GB/T 21010—2017)中属于(　　)。

A. 机关团体用地　　B. 教育用地　　C. 科研用地　　D. 公用设施用地

11. 某县教育局办公用地在《土地利用现状分类》(GB/T 21010—2017)中属于(　　)。

A. 机关团体用地　　B. 教育用地　　C. 科研用地　　D. 公用设施用地

12. 空闲地在《土地利用现状分类》(GB/T 21010—2017)中属于(　　)。

A. 农用地　　B. 建设用地　　C. 未利用地　　D. 以上都不是

13. 坑塘水面在《土地利用现状分类》(GB/T 21010—2017)中属于(　　)。

A. 农用地　　B. 建设用地　　C. 未利用地　　D. 以上都不是

14. 公园与绿地在《土地利用现状分类》(GB/T 21010—2017)中属于(　　)。

A. 农用地　　B. 建设用地　　C. 未利用地　　D. 以上都不是

15. 有一块土地面积为 30 hm^2，换算成亩计算，其面积为(　　)亩。

A. 450　　B. 550　　C. 625　　D. 725

16. 某块宅基地实地面积为 150 m^2，在 1∶500 比例尺图上的图斑面积为(　　)cm^2。

A. 30　　B. 3　　C. 60　　D. 6

17. 某块宅基地实地面积为 500 m^2，在 1∶10 000 比例尺图上的图斑面积为(　　)mm^2。

A. 5　　B. 4　　C. 50　　D. 40

18. 某块宅基地实地面积为 350 m^2，在 1∶2 000 比例尺图上的图斑面积为(　　)cm^2。

A. 3. 5　　B. 0. 35　　C. 8. 75　　D. 0. 875

19. 某块住宅用地在 1∶500 比例尺图上的图斑面积为 9 cm^2，则实地面积为(　　)m^2。

A. 125　　B. 1 250　　C. 225　　D. 2 250

20. 某块住宅用地在 1∶2 000 比例尺图上的图斑面积为 8 cm^2，则实地面积为(　　)m^2。

A. 400　　B. 800　　C. 1 600　　D. 3 200

21. 地籍调查包括权属调查和(　　)两部分工作。

A. 土地利用现状调查　　B. 土地条件调查

C. 不动产测绘　　D. 不动产登记

22. 填写地籍调查表属于地籍调查的(　　)工作内容。

A. 准备工作　　B. 权属调查　　C. 地籍测量　　D. 检查验收

23. 地籍调查时，调查人员应对街道或地籍街坊按(　　)顺序统一预编宗地号。

A. 从西到东、从南到北　　B. 从东到西、从南到北

C. 从东到西、从北到南　　D. 从西到东、自北向南

24. 地籍调查时，某公司使用的土地，应由(　　)出席指界。

A. 公司的法定代表人　　B. 公司的职工代表

C. 公司的全体人员　　D. 调查人员

25. 地籍调查时，某学校使用的土地，应由(　　)出席指界。

A. 基建处长　　B. 教务处长　　C. 副校长　　D. 校长

26. 对农村宅基地进行地籍调查时应由该家庭的(　　)现场指界。

A. 户主　　B. 最年长者　　C. 有工资收入者　　D. 男方

27. 相邻宗地界址线间距小于(　　)m 时，界址必须由本宗地与相邻宗地的权利人亲自指界。

A. 0.3　　B. 0.4　　C. 0.5　　D. 0.6

28. 两个以上土地使用者共同使用的宗地，应(　　)委托代表指界。

A. 分别　　B. 共同　　C. 各自　　D. 独立

29. 填写地籍调查表时，整份表划改的地方不能超过(　　)处。

A. 1　　B. 2　　C. 3　　D. 4

30. 宗地的某条界址线在现场找不出明显地物，则该界址线类别应为(　　)。

A. 硬边界　　B. 软边界(界址线)　　C. 栅栏　　D. 围墙

31. 宗地的某条界址线类别为借墙，则该界址线位置应为(　　)。

A. 外　　B. 中　　C. 内　　D. 无法判断

32. 宗地的某条界址线类别为共墙，则该界址线位置应为(　　)。

A. 外　　B. 中　　C. 内　　D. 无法判断

33. 宗地的某条界址线类别为自墙，则该界址线位置应为(　　)。

A. 外　　B. 中　　C. 内　　D. 无法判断

34. 宗地草图中必须(　　)绘制。

A. 参考影像图　　B. 听当事人描述后　　C. 实地　　D. 由当事人

35. 宗地草图中，括号中的数字表示(　　)。

A. 宗地号　　B. 门牌号　　C. 界址边长　　D. 界址点编号

36. 绘制宗地草图时，可用(　　)作为参考。

A. 大比例尺图件　　B. 中比例尺图件　　C. 小比例尺图件　　D. 以上均可

37. 以下情况涉及宗地号的变更的是(　　)。

A. 产权变更　　B. 用途改变　　C. 宗地形状改变　　D. 设定他项权利

38. 以下情况不涉及宗地号的变更的是(　　)。

A. 边界调整　　B. 用途改变　　C. 宗地形状改变　　D. 宗地分割

39. 某街坊内的已有最大宗地号为 155，将 71 号与 72 号宗地合并后的新宗地编号为(　　)。

A. 155　　B. 156　　C. 73　　D. 74

40. 某街坊内的已有最大宗地号为 101，给 73 号宗地分割后的两宗地编号为(　　)。

A. 74 与 75　　B. 76 与 77　　C. 101 与 102　　D. 102 与 103

41. 根据不动产单元编码规定，宗地(宗海)代码为五层(　　)位层次码。

A. 19　　B. 18　　C. 17　　D. 16

42. 根据不动产单元编码规定，定着物代码为二层(　　)位层次码。

A. 6　　B. 7　　C. 8　　D. 9

43. 根据不动产单元编码规定，宗地(宗海)顺序号，代码为(　　)位。

A. 3　　B. 4　　C. 5　　D. 6

44. 根据不动产单元编码规定，宗地特征码第 2 位 X 表示建设用地使用权宗地(　　)。

A. 地表　　B. 地上　　C. 地下　　D. 未知

45. 根据不动产单元编码规定，宗地特征码第 2 位 B 表示建设用地使用权宗地(　　)。

A. 地表　　B. 地上　　C. 地下　　D. 未知

46. 根据不动产单元编码规定，宗地特征码第 2 位 S 表示建设用地使用权宗地(　　)。

A. 地表　　B. 地上　　C. 地下　　D. 未知

47. 根据不动产单元编码规定，昆明市区某街坊中的 6 号宗地的顺序号为(　　)。

A. 006　　B. 0006　　C. 00006　　D. 06

48. 定着物代码为 F00151003 表示(　　)房屋。

A. 1 栋 5 楼 1 单元 3 号　　B. 15 栋 10 楼 3 号

C. 15 栋 1 单元 3 号　　D. 1 栋 5 单元 10 楼 3 号

49. 如果把学生单个宿舍看成不动产单元，则绘水苑 3 栋 503 宿舍的定着物代码为(　　)。

A. F00300503　　B. F00030053　　C. F00305003　　D. F00030503

50. 建筑物占地面积特指房屋地表(　　)外围水平投影面积。

A. 底层　　B. 第二层　　C. 第三层　　D. 最高层

51. 某权利人拥有的建筑面积为 146 m^2，本栋建筑物占地面积为 1 032 m^2，本栋建筑物建筑总面积为 3 247 m^2。该权利人分摊基底面积为(　　) m^2。

A. 459.36　　B. 46.40　　C. 40.46　　D. 495.36

52. 某权利人拥有的建筑面积为 125 m^2，本栋建筑物占地面积为 785 m^2，本栋建筑物建筑总面积为 10 015 m^2。该权利人分摊基底面积为(　　) m^2。

A. 8.09　　B. 8.90　　C. 9.08　　D. 9.80

二、判断题

1. 按照《土地利用现状分类》(GB/T 21010—2017)，公路两旁的行道树用地属于林地。(　　)

2. 按照《土地利用现状分类》(GB/T 21010—2017)，种植橡胶的土地属于林地。(　　)

3. 按照《土地利用现状分类》(GB/T 21010—2017)，工厂厂区外独立的办公场所属于工业用地。(　　)

4. 按照《土地利用现状分类》(GB/T 21010—2017)，市区内的加油站属于批发市场用地。(　　)

5. 按照《土地利用现状分类》(GB/T 21010—2017)，地铁用地属于铁路用地类别。(　　)

6. 按照《土地利用现状分类》(GB/T 21010—2017)，昆明市东部汽车客运站属于交通服务场站用地。(　　)

7. 按照《土地利用现状分类》(GB/T 21010—2017)，农村宅基地属于一级地类名称。(　　)

8. 按照《土地利用现状分类》(GB/T 21010—2017)，河流水面属于二级地类名称。(　　)

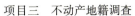

9. 地类调查时某居民点实地面积为 800 m²，则在 1∶10 000 图上的图斑面积为 80 mm²。 (　　)

10. 地籍调查时，正式宗地号与预编宗地号必须一致。 (　　)

11. 界址点编号统一从右向左、自上而下。 (　　)

12. 对已有建设用地批准文件而少批多用的土地使用者，原则上按现状确定用地界线。(　　)

13. 地籍调查表填表时发现填错了，不得划改，但可以涂改。 (　　)

14. 宗地草图的特点之一是现场绘制。 (　　)

15. 云南国土资源职业学院阳宗校区属于独立宗地。 (　　)

16. 某商品房住宅小区属于共用宗地。 (　　)

17. 地籍调查表填表时发现填错了，不得划改或涂改。 (　　)

18. 宗地草图是不动产证书的附图。 (　　)

19. 宗地草图中的界址边长应实地量算。 (　　)

20. 填写地籍调查表时，土地的实际用途必须与批准用途一致。 (　　)

21. 地籍调查指界时，本宗地使用者到不了现场的，可以委托他人指界。 (　　)

22. 宗地分割后，原宗地号可以继续使用。 (　　)

23. 宗地合并后，原宗地号可以继续使用。 (　　)

24. 宗地权属发生转移，原宗地号不得再用。 (　　)

25. 定着物代码为 F00101003，表示 10 栋 10 楼 3 号房屋。 (　　)

26. 定着物代码为 F00011003，表示 11 栋 3 号房屋。 (　　)

27. 宗地(宗海)特征码第 1 位用 G 表示国家土地(海域)所有权。 (　　)

28. 宗地(宗海)特征码第 2 位用 B 表示建设用地使用权宗地(地表)。 (　　)

29. 定着物特征码用 L 表示房屋等建筑物、构筑物。 (　　)

30. 不动产单元具有唯一代码。 (　　)

三、应用分析题

1. 根据宗地草图的绘图，如图 3-9 所示，填写界址签章表中的界址线、邻宗地、本宗地等信息(见表 3-20)。

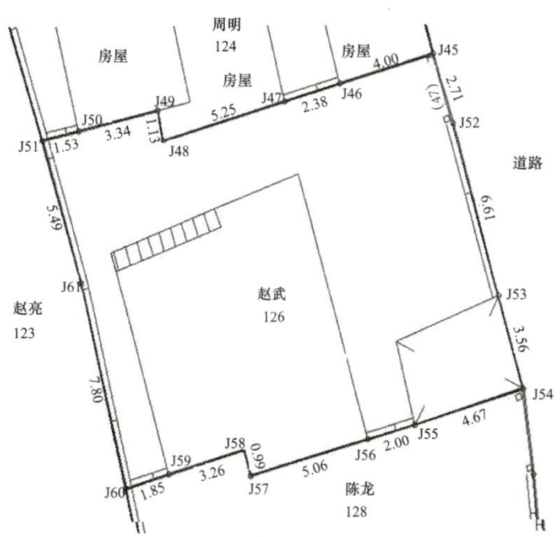

图 3-9　宗地草图的绘图

表 3-20　界址签章表

界址签章表					
界址线			邻宗地		本宗地
起点号	中间点号	终点号	宗地号	指界人签字	指界人签字

2. 根据宗地草图的绘图，如图 3-9 所示，填写界址标示表的界址点号、界址边长、界址线类别、界址线位置等信息(见表 3-21)。

表 3-21　界址标示表

界址标示表																
界址点号	界标类型			界址边长/m	界址线类别								界址线位置			说明
	钢钉	混凝土桩	喷涂		道路	沟渠	围墙	墙壁	栅栏	田埂	滴水线	门	内	中	外	

3. 某宗地面积为 1 650 m^2，小区内有 1、2、3 幢居民楼，楼房占地面积分别为200 m^2、220 m^2、300 m^2，每幢楼房建筑面积分别为 1 600 m^2、2 200 m^2、4 500 m^2，楼层分别为 8 层、10 层、15 层，每幢中每户的住房建筑面积相同，分别为 100 m^2、110 m^2、150 m^2。计算理论上 1、2、3 幢每户的土地分摊面积。

4. 某宗地面积为 1 450 m^2，小区内有 1、2、3 幢居民楼，楼房占地面积分别为180 m^2、200 m^2、280 m^2，每幢楼房建筑面积分别为 1 800 m^2、2 000 m^2、3 360 m^2，楼层分别为 10 层、10 层、12 层，每幢中每户的住房建筑面积相同，分别为 90 m^2、100 m^2、140 m^2。计算理论上 1、2、3 幢每户的土地分摊面积。

项目四 不动产登记程序

知识目标

(1)了解不动产登记的法律原则;
(2)掌握不动产登记的基本程序,即申请、受理、审核、登簿、发证。

能力目标

(1)能够运用一体登记、依申请登记、连续登记、属地登记、不变不换的原则;
(2)能够正确填写不动产登记申请书;
(3)能够正确填写不动产登记受理凭证;
(4)能够正确填写不动产登记审批表;
(5)能够正确填写不动产登记簿;
(6)能够正确填写不动产权证书和不动产登记证明。

素养目标

(1)具有科学严谨的工作意识,能够按照规范要求开展不动产登记,工作中严格遵守登记规程;
(2)具有基本的不动产登记职业道德素养,爱岗敬业、忠于职守。

项目介绍

《不动产登记暂行条例》第三章对不动产登记程序作了专门规定,一是为了规范登记机构的登记行为,为登记机构工作人员提供指导;二是使登记申请人明确登记流程,节约登记成本,更好地维护自身合法权益。

本项目要求在掌握不动产登记的几个重要原则的基础上,学习不动产登记的基本程序及各环节的内容要点。

任务一　认识不动产登记的法律原则、程序

任务目标

(1)陈述不动产登记的法律原则;

(2)归纳不动产登记的基本程序。

任务导入

村民刘××在村里拥有一块宅基地,并在地上自建了住房,已完成地籍调查,即将办理产权证。办证之前,有哪些登记原则需要明了?

一、不动产登记的法律原则

(一)一体登记原则

房屋等建筑物、构筑物和森林、林木等定着物的所有权登记,应当与其所依附的土地、海域一并登记,保持权利主体一致。

房屋等建筑物、构筑物和森林、林木等定着物的所有权首次登记、转移登记、抵押登记、查封登记的,该房屋等建筑物、构筑物和森林、林木等定着物占用范围内的土地使用权、海域使用权应当一并登记。

(二)依申请登记原则

不动产登记应当依照当事人的申请进行,但法律、行政法规及实施细则另有规定的除外:

(1)不动产登记机构依据人民法院、人民检察院等国家有权机关依法作出的嘱托文件直接办理登记的(依嘱托登记)。

(2)不动产登记机构依据法律、行政法规或者《不动产登记暂行条例实施细则》的规定依职权直接登记的(依职权登记)。

(三)连续登记原则

未办理不动产首次登记的,不得办理不动产其他类型登记,但下列情形除外:

(1)预购商品房预告登记、预购商品房抵押预告登记的。

(2)在建建筑物抵押权登记的。

(3)预查封登记的。

(4)法律、行政法规规定的其他情形。

(四)属地登记原则

不动产登记由不动产所在地的县级人民政府不动产登记机构办理；直辖市、设区的市人民政府可以确定本级不动产登记机构统一办理所属各区的不动产登记。

跨县级行政区域的不动产登记，由所跨县级行政区域的不动产登记机构分别办理。不能分别办理的，由所跨县级行政区域的不动产登记机构协商办理；协商不成的，由共同的上一级人民政府不动产登记主管部门指定办理。

(五)不变不换原则

居民原有的“老房本”依然有效，启用不动产登记簿证后，原有登记机构依法颁发的房屋、土地等权利证书和制作的登记簿继续有效，并按照不变不换原则，权利不变动，簿证不更换。

二、不动产登记的基本程序

不动产登记的基本程序可分为申请、受理、审核、登簿、发证等环节，如图 4-1 所示。

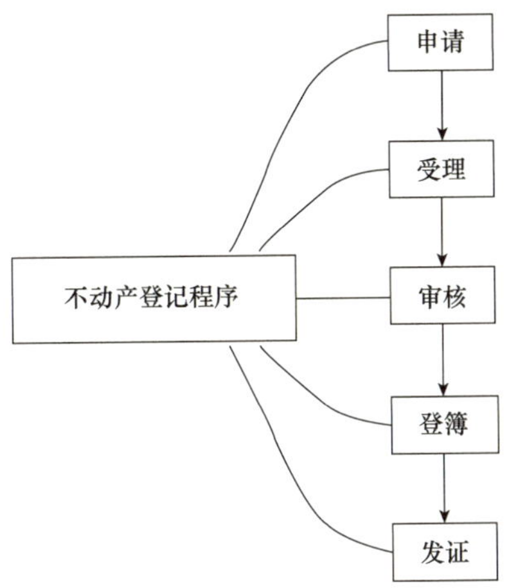

图 4-1　不动产登记的基本程序

任务实施

告知村民刘××，办理不动产登记的法律原则有：

____________________，

____________________，

____________________。

任务二 不动产登记申请

开展不动产登记申请操作。

村民刘××在×县沙湾镇湾沟村第一村民小组红星路45号拥有一块宅基地，并在地上自建了住房，已完成地籍调查，现依法办理产权证。如何申请？该环节有哪些要点？

一、申请地点

申请不动产登记时，原则上应由申请人本人或其代理人前往不动产登记机构办公场所提交申请材料，并接受不动产登记机构工作人员的询问。为进一步便民利民、提高工作效率，目前全国已有部分不动产登记机构针对特定登记类型开通了网上申请服务。

具备技术条件的不动产登记机构，应当留存当事人到场申请的照片；条件允许的，也可以按照当事人申请留存其指纹或设置密码。

二、书面方式

申请不动产登记的，申请人应当填写登记申请书，并提交身份证明及相关申请材料。

申请材料应当提供原件。因特殊情况不能提供原件的，可以提供复印件，复印件应当与原件保持一致。

三、申请主体

（一）共同申请

因买卖、设定抵押权等申请不动产登记的，应当由当事人双方共同申请。

处分共有不动产申请登记的，应当经占份额三分之二以上的按份共有人或者全体共同共有人共同申请，但共有人另有约定的除外。

按份共有人转让其享有的不动产份额，应当与受让人共同申请转移登记。

建筑区划内依法属于全体业主共有的不动产申请登记，依照《不动产登记暂行条例实施细则》第三十六条的规定办理。

(二)监护人申请

无民事行为能力人、限制民事行为能力人申请不动产登记的，应当由其监护人代为申请。

监护人代为申请登记的，应当提供监护人与被监护人的身份证或者户口簿、有关监护关系等材料；因处分不动产而申请登记的，还应当提供为被监护人利益的书面保证。

父母之外的监护人处分未成年人不动产的，有关监护关系材料可以是人民法院指定监护的法律文书、经过公证的对被监护人享有监护权的材料或者其他材料。

(三)其他代理申请

代理申请不动产登记的，代理人应当向不动产登记机构提供被代理人签字或者盖章的授权委托书。

自然人处分不动产，委托代理人申请登记的，应当与代理人共同到不动产登记机构现场签订授权委托书，但授权委托书经公证的除外。

境外申请人委托他人办理处分不动产登记的，其授权委托书应当按照国家有关规定办理认证或者公证。

(四)单方申请

属于下列情形之一的，可以由当事人单方申请：

(1)尚未登记的不动产首次申请登记的。

(2)继承、接受遗赠取得不动产权利的。

(3)人民法院、仲裁委员会生效的法律文书或者人民政府生效的决定等设立、变更、转让、消灭不动产权利的。

(4)权利人姓名、名称或者自然状况发生变化，申请变更登记的。

(5)不动产灭失或者权利人放弃不动产权利，申请注销登记的。

(6)申请更正登记或者异议登记的。

(7)法律、行政法规规定可以由当事人单方申请的其他情形。

四、申请人身份证明

申请人身份证明资料表见表4-1。

表4-1　申请人身份证明资料表

<table>
<tr><th colspan="4">申请人身份证明资料表</th></tr>
<tr><td rowspan="4">法人</td><td rowspan="2">①单位法人证明</td><td>企业法人</td><td>市场监督管理部门核发的《企业法人营业执照》</td></tr>
<tr><td>社团法人</td><td>民政部门颁发的社会团体登记证书</td></tr>
<tr><td colspan="3">②组织机构代码证</td></tr>
<tr><td colspan="3">③法定代表人或负责人身份证明书及身份证</td></tr>
</table>

续表

自然人	身份证或军官证、护照等
代理人	①不动产登记授权委托书
	②身份证
	③不动产登记代理人职业资格证书(代理人为专业的不动产登记代理人时需提交)
	注：代理境外申请人时，授权委托书和被代理人身份证明应当经依法公证或认证

五、不动产登记授权委托书

不动产登记授权委托书见表 4-2。

表 4-2　不动产登记授权委托书

不动产登记授权委托书

兹委托__________全权办理本人(本单位)在__________的__________权利登记事宜。

委 托 人：__________性别：__________年龄：__________

工作单位：______________________________

身份证号：______________________________

联系电话：______________________________

年　　月　　日(盖章)

委托代理人：__________性别：__________年龄：__________

工作单位：______________________________

身份证号：______________________________

联系电话：______________________________

年　　月　　日(盖章)

六、不动产登记授权委托书填写示例

不动产登记授权委托书填写示例见表 4-3。

表 4-3　不动产登记授权委托书填写示例

不动产登记授权委托书

兹委托 赵×× 全权办理本 公司 在 某市××区灵泉街道光明路 243 号 的 国有建设用地使用权 登记事宜。

委 托 人：和××(公司法定代表人)　性别：男　年龄：35

工作单位：云南灵泉机械设备有限公司

身份证号：530105××××××××××××

联系电话：138××××××××

2023 年 1 月 25 日(法定代表人签字盖公章)

委托代理人：赵××　性别：女　年龄：40

工作单位：云南灵泉机械设备有限公司

身份证号：530102××××××××××××　联系电话：153××××××××

2023 年 1 月 25 日(签字按手印)

七、不动产登记申请书格式(以某地为例)

不动产登记申请书格式见表 4-4。

表 4-4　不动产登记申请书格式

<table>
<tr><td colspan="6">不动产登记申请书</td></tr>
<tr><td rowspan="2">收件</td><td>编号</td><td></td><td rowspan="2">收件人</td><td rowspan="2"></td><td rowspan="2">单位：□平方米 □公顷(□亩)、万元</td></tr>
<tr><td>日期</td><td></td></tr>
<tr><td rowspan="2">申请登记事由</td><td colspan="5">□集体土地所有权 □国有建设用地使用权 □宅基地使用权 □集体建设用地使用权□土地承包经营权 □林地使用权 □海域使用权 □无居民海岛使用权 □房屋所有权 □构筑物所有权□森林、林木所有权 □森林、林木使用权 □抵押权 □地役权 □其他</td></tr>
<tr><td colspan="5">□首次登记(□总登记 □初始登记) □转移登记 □变更登记 □注销登记 □更正登记 □异议登记 □预告登记 □查封登记 □其他</td></tr>
<tr><td rowspan="14">申请人情况</td><td colspan="5">登记申请人</td></tr>
<tr><td>权利人姓名(名称)</td><td colspan="4"></td></tr>
<tr><td>身份证件种类</td><td colspan="2"></td><td>证件号</td><td></td></tr>
<tr><td>通信地址</td><td colspan="2"></td><td>邮编</td><td></td></tr>
<tr><td>法定代表人或负责人</td><td colspan="2"></td><td>联系电话</td><td></td></tr>
<tr><td>代理人姓名</td><td colspan="2"></td><td>联系电话</td><td></td></tr>
<tr><td>代理机构名称</td><td colspan="4"></td></tr>
<tr><td colspan="5">登记申请人</td></tr>
<tr><td>义务人姓名(名称)</td><td colspan="4"></td></tr>
<tr><td>身份证件种类</td><td colspan="2"></td><td>证件号</td><td></td></tr>
<tr><td>通信地址</td><td colspan="2"></td><td>邮编</td><td></td></tr>
<tr><td>法定代表人或负责人</td><td colspan="2"></td><td>联系电话</td><td></td></tr>
<tr><td>代理人姓名</td><td colspan="2"></td><td>联系电话</td><td></td></tr>
<tr><td>代理机构名称</td><td colspan="4"></td></tr>
<tr><td rowspan="5">不动产情况</td><td>坐落</td><td colspan="4"></td></tr>
<tr><td>不动产单元号</td><td colspan="2"></td><td>不动产类型</td><td></td></tr>
<tr><td>面积</td><td colspan="2"></td><td>用途</td><td></td></tr>
<tr><td>原不动产权证书号</td><td colspan="2"></td><td>用海类型</td><td></td></tr>
<tr><td>构筑物类型</td><td colspan="2"></td><td>林种</td><td></td></tr>
<tr><td rowspan="2">抵押情况</td><td>被担保债权数额
(最高债权数额)</td><td colspan="2"></td><td>债务履行期限
(债权确定期间)</td><td></td></tr>
<tr><td>在建建筑物抵押范围</td><td colspan="4"></td></tr>
<tr><td rowspan="2">地役权情况</td><td>需役地坐落</td><td colspan="4"></td></tr>
<tr><td>需役地不动产单元号</td><td colspan="4"></td></tr>
<tr><td rowspan="5">登记原因及证明</td><td>登记原因</td><td colspan="4"></td></tr>
<tr><td rowspan="4">登记原因证明文件</td><td colspan="4">1.</td></tr>
<tr><td colspan="4">2.</td></tr>
<tr><td colspan="4">3.</td></tr>
<tr><td colspan="4">4.</td></tr>
</table>

续表

申请证书版式		□单一版　□集成版	申请分别持证	□是　□否
询问记录	询问内容		权利人	义务人
	1. 申请登记事项是否为申请人真实意思表示？ 2. 申请登记内容是否与实际不动产一致？ 3. 其他需要询问的事项：无		□是　□否 □是　□否 □是　□否	□是　□否 □是　□否 □是　□否
备注				
本申请人对填写的上述内容及提交的申请材料的真实性负责。如有不实，申请人愿承担法律责任。 申请人(签章)：　　　　　　　　申请人(签章)： 代理人(签章)：　　　　　　　　代理人(签章)： 年　月　日　　　　　　　　　　年　月　日				

八、不动产登记申请书使用和填写说明

(一)使用说明

不动产登记申请书主要内容包括登记收件情况、申请登记事由、申请人情况、不动产情况、抵押情况、地役权情况、登记原因及其证明情况、申请的证书版式及持证情况等。

不动产登记申请书为示范表格，各地可参照使用，也可以根据实际情况，从便民利民和方便管理出发，进行适当调整。

(二)填写说明

收件编号、时间：填写登记收件的编号和时间。

收件人：填写登记收件人的姓名。

申请登记事由：用勾选的方式，选择申请登记的权利或事项及登记的类型。

权利人、义务人姓名(名称)：填写权利人和义务人身份证件上的姓名或名称。

身份证件种类、证件号：填写申请人身份证件的种类及编号。境内自然人一般为居民身份证，无居民身份证的，可以为户口簿、军官证；法人或其他组织一般为组织机构代码证，无组织机构代码证的，可以为营业执照、事业单位法人证书、社会团体法人登记证书；港澳同胞的为港澳居民来往内地通行证或港澳同胞回乡证、居民身份证；台湾同胞的为台湾居民来往大陆通行证或其他有效旅行证件、在台湾地区居住的有效身份证件或经确认的身份证件。外籍人士的身份证件为护照和中国政府主管机关签发的居留证件。

通信地址、邮编：填写规范的通信地址、邮政编码。

法定代表人或负责人：申请人为法人单位的，填写法定代表人姓名；为非法人单位的，填写负责人姓名。

代理人姓名：填写代权利人申请登记的代理人姓名。

代理机构名称：代理人为专业登记代理机构的，填写其所属的代理机构名称，否则不填。

联系电话：填写登记申请人或者登记代理人的联系电话。

坐落：填写宗地、宗海所在地的地理位置名称。涉及地上房屋的，填写有关部门依法确定的房屋坐落，一般包括街道名称、门牌号、幢号、楼层号、房号等。

不动产单元号：填写不动产单元的编号。

不动产类型：填写土地、海域、无居民海岛、房屋、建筑物、构筑物或者森林、林木等。

面积：填写不动产单元的面积。涉及宗地、宗海及房屋、构筑物的，分别填写宗地、宗海及房屋、构筑物的面积。

用途：填写不动产单元的用途。涉及宗地、宗海及房屋、构筑物的，分别填写宗地、宗海及房屋、构筑物的用途。

原不动产权证书号：填写原来的不动产权属证书或者登记证明的编号。

用海类型：填写《海域使用分类体系》用海类型的二级分类。

构筑物类型：填写构筑物的类型，包括隧道、桥梁、水塔等地上构筑物类型，透水构筑物、非透水构筑物、跨海桥梁、海底隧道等海上构筑物类型。

林种：填写森林种类，包括防护林、用材林、经济林、薪炭林、特种用途林等。

被担保债权数额(最高债权数额)：填写被担保的主债权金额。

债务履行期限(债权确定期间)：填写主债权合同中约定的债务人履行债务的期限。

在建建筑物抵押范围：填写抵押合同约定的在建建筑物抵押范围。

需役地坐落、需役地不动产单元号：填写需役地所在的坐落及其不动产单元号。

登记原因：填写不动产权利首次登记、转移登记、变更登记、注销登记、更正登记等的具体原因。

登记原因证明文件：填写申请登记提交的登记原因证明文件。

申请证书版式：用勾选的方式选择单一版或者集成版。

申请分别持证：用勾选的方式选择是或者否。

九、不动产登记申请书填写示例

不动产登记申请书填写示例见表 4-5。

表 4-5 不动产登记申请书填写示例

<table>
<tr><td colspan="6">不动产登记申请书</td></tr>
<tr><td rowspan="2">收件</td><td>编号</td><td>20230125006</td><td rowspan="2">收件人</td><td rowspan="2">黄××</td><td rowspan="2">单位：☑平方米 □公顷(□亩)、万元</td></tr>
<tr><td>日期</td><td>2023.01.25</td></tr>
<tr><td rowspan="2">申请登记事由</td><td colspan="5">□集体土地所有权 ☑国有建设用地使用权 □宅基地使用权 □集体建设用地使用权□土地承包经营权 □林地使用权 □海域使用权 □无居民海岛使用权 □房屋所有权 □构筑物所有权□森林、林木所有权 □森林、林木使用权 □抵押权 □地役权 □其他</td></tr>
<tr><td colspan="5">首次登记(□总登记 ☑初始登记) □转移登记 □变更登记 □注销登记 □更正登记 □异议登记 □预告登记 □查封登记 □其他</td></tr>
</table>

续表

<table>
<tr><td rowspan="14">申请人情况</td><td colspan="4">登记申请人</td></tr>
<tr><td>权利人姓名(名称)</td><td colspan="3">云南灵泉机械设备有限公司</td></tr>
<tr><td>身份证件种类</td><td>营业执照</td><td>证件号</td><td>8567××××××</td></tr>
<tr><td>通信地址</td><td>某市灵泉街道北京路××号</td><td>邮编</td><td>66××××</td></tr>
<tr><td>法定代表人或负责人</td><td>和××</td><td>联系电话</td><td>138××××××××</td></tr>
<tr><td>代理人姓名</td><td>赵××</td><td>联系电话</td><td>153××××××××</td></tr>
<tr><td>代理机构名称</td><td colspan="3">/</td></tr>
<tr><td colspan="4">登记申请人</td></tr>
<tr><td>义务人姓名(名称)</td><td colspan="3">/</td></tr>
<tr><td>身份证件种类</td><td>/</td><td>证件号</td><td>/</td></tr>
<tr><td>通信地址</td><td>/</td><td>邮编</td><td>/</td></tr>
<tr><td>法定代表人或负责人</td><td>/</td><td>联系电话</td><td>/</td></tr>
<tr><td>代理人姓名</td><td>/</td><td>联系电话</td><td>/</td></tr>
<tr><td>代理机构名称</td><td colspan="3">/</td></tr>
<tr><td rowspan="5">不动产情况</td><td>坐落</td><td colspan="3">某市××区灵泉街道光明路 243 号</td></tr>
<tr><td>不动产单元号</td><td>530103018004
GB00112W00000000</td><td>不动产类型</td><td>土地</td></tr>
<tr><td>面积</td><td>5 400.00</td><td>用途</td><td>工业用地</td></tr>
<tr><td>原不动产权证书号</td><td>/</td><td>用海类型</td><td>/</td></tr>
<tr><td>构筑物类型</td><td>/</td><td>林种</td><td>/</td></tr>
<tr><td rowspan="2">抵押情况</td><td>被担保债权数额
(最高债权数额)</td><td>/</td><td>债务履行期限
(债权确定期间)</td><td>/</td></tr>
<tr><td>在建建筑物抵押范围</td><td colspan="3">/</td></tr>
<tr><td rowspan="2">地役权情况</td><td>需役地坐落</td><td colspan="3">/</td></tr>
<tr><td>需役地不动产单元号</td><td colspan="3">/</td></tr>
<tr><td rowspan="7">登记原因及证明</td><td>登记原因</td><td colspan="3">首次取得出让国有建设用地使用权</td></tr>
<tr><td rowspan="5">登记原因证明文件</td><td colspan="3">1. 不动产登记申请书(原件)</td></tr>
<tr><td colspan="3">2. 申请人与代理人身份证明(复印件)</td></tr>
<tr><td colspan="3">3. 授权委托书(原件)</td></tr>
<tr><td colspan="3">4. 县级以上人民政府批准文件、出让合同和缴清土地出让价款凭证(原件)</td></tr>
<tr><td colspan="3">5. 地籍调查表、宗地图、宗地界址点坐标等经管理部门审核通过的不动产地籍调查成果资料(原件)</td></tr>
<tr><td></td><td colspan="3">6. 完税凭证(原件)</td></tr>
<tr><td>申请证书版式</td><td colspan="2">☑单一版 □集成版</td><td>申请分别持证</td><td>□是 ☑否</td></tr>
</table>

续表

<table>
<tr><td rowspan="2">询问记录</td><td>询问内容</td><td>权利人</td><td>义务人</td></tr>
<tr><td>1. 申请登记事项是否为申请人真实意思表示?
2. 申请登记内容是否与实际不动产一致?
3. 其他需要询问的事项：无</td><td>☑是　□否
☑是　□否
□是　□否</td><td>□是　□否
□是　□否
□是　□否</td></tr>
<tr><td>备注</td><td colspan="3"></td></tr>
<tr><td colspan="4">本申请人对填写的上述内容及提交的申请材料的真实性负责。如有不实，申请人愿承担法律责任。
申请人(签章)：和××签字后盖公章　　　　申请人(签章)：
代理人(签章)：赵××　　　　代理人(签章)：
2023 年 1 月 25 日　　　　年　月　日</td></tr>
</table>

任务实施

村民刘××在×县沙湾镇湾沟村第一村民小组红星路 45 号拥有一块宅基地，并在地上自建了住房，已完成地籍调查，现依法申请办理产权证。请指导该村民完成该《不动产登记申请书》的填写。

任务三　不动产登记受理

任务目标

开展不动产登记受理操作。

任务导入

村民刘××在×县沙湾镇湾沟村第一村民小组红星路 45 号拥有一块宅基地，并在地上自建了住房，已完成地籍调查，现依法办理产权证。该村民已完成该《不动产登记申请书》的填写，下一步如何受理?

知识链接

一、受理

不动产登记机构收到不动产登记申请材料，应当分别按照下列情况办理：

(1)属于登记职责范围，申请材料齐全、符合法定形式，或者申请人按照要求提交全部补正申请材料的，应当受理并书面告知申请人。

(2)申请材料存在可以当场更正的错误的，应当告知申请人当场更正，申请人当场更正后，应当受理并书面告知申请人。

(3)申请材料不齐全或者不符合法定形式的，应当当场书面告知申请人不予受理并一次性告知需要补正的全部内容。

(4)申请登记的不动产不属于本机构登记范围的，应当当场书面告知申请人不予受理并告知申请人向有登记权的机构申请。

不动产登记机构未当场书面告知申请人不予受理的，视为受理。

(一)予以受理的法定条件

(1)申请登记事项在本不动产登记机构的登记职责范围内。

(2)申请材料形式符合要求。

(3)申请人与依法应当提交的申请材料记载的主体一致。

(4)申请登记的不动产权利与登记原因文件记载的不动产权利一致。

(5)申请内容与询问记录不冲突。

(6)法律、行政法规等规定的其他条件。

(二)不予受理的法定情形

申请人提交的申请材料不齐全或者不符合法定形式的，应当当场书面告知申请人不予受理并一次性告知需要补正的全部内容。

(1)申请人未按照不动产登记机构要求进一步补充材料的。

(2)申请人、委托代理人身份证明材料以及授权委托书与申请人不一致的。

(3)申请登记的不动产不符合不动产单元设定条件的。

(4)申请登记的事项与权属来源材料或者登记原因文件不一致的。

(5)申请登记的事项与不动产登记簿的记载相冲突的。

(6)不动产存在权属争议的，但申请异议登记除外。

(7)未依法缴纳土地出让价款、土地租金、海域使用金或者相关税费的。

(8)申请登记的不动产权利超过规定期限的。

(9)不动产被依法查封期间，权利人处分该不动产申请登记的。

(10)未经预告登记权利人书面同意，当事人处分该不动产申请登记的。

(11)法律、行政法规规定的其他情形。

二、查验

不动产登记机构受理不动产登记申请的，应当按照下列要求进行查验：

(1)申请人、委托代理人身份证明材料以及授权委托书与申请主体是否一致。

(2)权属来源材料或者登记原因文件与申请登记的内容是否一致。

(3)不动产界址、空间界限、面积等地籍调查成果是否完备，权属是否清楚、界址是否清晰、面积是否准确。

(4)法律、行政法规规定的完税或者缴费凭证是否齐全。

三、不动产登记受理凭证格式(以某地为例)

不动产登记受理凭证格式见表4-6。

表4-6　不动产登记受理凭证格式

不动产登记受理凭证

编号：

________年________月________日，收到你(单位)＿(不动产坐落及登记类型)＿以下申请登记材料，经核查，现予受理。

本申请登记事项办理时限为：自受理之日起至________年________月________日止。请凭本凭证、身份证明领取办理结果。

已提交的申请材料	份数	材料形式
		□原件　□复印件
		□原件　□复印件
		□原件　□复印件

登记机构：(印章)　　　　年　　月　　日

四、不动产登记受理凭证填写示例

不动产登记受理凭证填写示例见表4-7。

表4-7　不动产登记受理凭证填写示例

不动产登记受理凭证

编号：20230127024

＿2023＿年＿1＿月＿27＿日，收到你(单位)＿某市××区灵泉街道光明路243号的国有建设用地使用权首次登记＿以下申请登记材料，经核查，现予受理。

本申请登记事项办理时限为：自受理之日起至＿2023＿年＿1＿月＿30＿日止。请凭本凭证、身份证明领取办理结果。

已提交的申请材料	份数	材料形式
1. 不动产登记申请书	1	☑原件　□复印件
2. 申请人与代理人身份证明	1	□原件　☑复印件
3. 授权委托书	1	☑原件　□复印件
4. 政府批文、出让合同和缴清土地出让价款凭证	1	☑原件　□复印件
5. 不动产地籍调查成果资料	1	☑原件　□复印件
6. 完税凭证	1	☑原件　□复印件

登记机构：(印章)　　　　2023年1月27日

五、不动产登记不予受理告知书格式(以某地为例)

不动产登记不予受理告知书格式见表4-8。

表 4-8　不动产登记不予受理告知书格式

<table>
<tr><td>

不动产登记不予受理告知书

编号：

________________：

________年________月________日，你(单位)申请的________________(不动产坐落及登记类型)，提交材料清单如下：

1. ____________________________________

2. ____________________________________

</td></tr>
<tr><td>

经核查，上述申请因□申请登记材料不齐全；□申请登记材料不符合法定形式；□申请登记的不动产不属于本机构登记管辖范围；□不符合法律法规规定的其他情形，按照《不动产登记暂行条例》第十七条的规定，决定不予受理。具体情况如下：____________________________________。

若对不予受理的决定不服，可自收到本告知书之日起 60 日内向行政复议机关申请行政复议，或者在收到本告知书之日起 6 个月内向人民法院提起行政诉讼。

登记机构：(印　章)

________年________月________日

收件人签字：________申请人签字：________

</td></tr>
</table>

任务实施

村民刘××在×县沙湾镇湾沟村第一村民小组红星路 45 号拥有一块宅基地，并在地上自建了住房，已完成地籍调查，现依法办理产权证。该村民已完成该《不动产登记申请书》的填写，请根据专业知识进行受理，填写该《不动产登记受理凭证》：

____________________________________，

____________________________________，

____________________________________，

____________________________________。

任务四　不动产登记审核

任务目标

开展不动产登记审核操作。

任务导入

村民刘××在×县沙湾镇湾沟村第一村民小组红星路 45 号拥有一块宅基地，并在地上

自建了住房，已完成地籍调查，现依法办理产权证。已受理该村民的不动产登记申请，下一步该如何审核？有何要点？

知识链接

审核是指不动产登记机构受理申请人的申请后，根据申请登记事项，按照有关法律、行政法规对申请事项及申请材料做进一步审查，并决定是否予以登记的过程。

一、书面材料审核

进一步审核申请材料，必要时应当要求申请人进一步提交佐证材料或向有关部门核查有关情况。

申请人提交的人民法院、仲裁委员会的法律文书，具备条件的，不动产登记机构可以通过相关技术手段查验法律文书编号、人民法院及仲裁委员会的名称等是否一致，查询结果需打印、签字及存档；不一致或无法核查的，可进一步向出具法律文书的人民法院或者仲裁委员会进行核实或要求申请人提交其他具有法定证明力的文件。

对已实现信息共享的其他申请材料，不动产登记机构可根据共享信息对申请材料进行核验；尚未实现信息共享的，应当审核其内容和形式是否符合要求。

必要时，可进一步向相关机关或机构进行核实，或要求申请人提交其他具有法定证明力的文件。

二、实地查看

属于下列情形之一的，不动产登记机构可对申请登记的不动产进行实地查看：

(1)房屋等建筑物、构筑物所有权首次登记。

(2)在建建筑物抵押权登记。

(3)因不动产灭失导致的注销登记。

(4)不动产登记机构认为需要实地查看的其他情形。

三、调查

对可能存在权属争议，或者可能涉及他人利害关系的登记申请，不动产登记机构可以向申请人、利害关系人或者有关单位进行调查。

不动产登记机构进行实地查看或者调查时，申请人、被调查人应当予以配合。

四、公告

(一)公告条件

有下列情形之一的，不动产登记机构应当在登记事项记载于登记簿前进行公告，但涉及国家秘密的除外：

(1)政府组织的集体土地所有权登记。

(2)宅基地使用权及房屋所有权，集体建设用地使用权及建筑物、构筑物所有权，土地承包经营权等不动产权利的首次登记。

(3)依职权更正登记。

(4)依职权注销登记。

(5)法律、行政法规规定的其他情形。

(二)公告时限

公告应当在不动产登记机构门户网站以及不动产所在地等指定场所进行，公告期不少于 15 个工作日。公告所需时间不计算在登记办理期限内。公告期满无异议或者异议不成立的，应当及时记载于不动产登记簿。

(三)公告内容

不动产登记公告的主要内容包括以下几项：

(1)拟予登记的不动产权利人的姓名或者名称。

(2)拟予登记的不动产坐落、面积、用途、权利类型等。

(3)提出异议的期限、方式和受理机构。

(4)需要公告的其他事项。

(四)公告的意义

(1)让土地权利人及时了解其土地权利是否得到保护。

(2)在规定时间内，征询利害关系人的异议。

(3)登记机关在作业中的不足，施与救济，以追求登记效力的公平性。

(4)保证土地登记的公信力。

五、形成审核结果

审核后，审核人员应当作出予以登记或不予登记的明确意见，并填写不动产登记审批表，见表 4-9。

表 4-9　不动产登记审批表

不动产登记审批表			
不动产登记审批情况	初审	复审	核定
	审查人：　　　（签章） 年　月　日	审查人：　　　（签章） 年　月　日	负责人：　（公章） 年　月　日
备注			
注：不动产登记时可将申请表和审批表合并，也可进行适当调整			

六、不动产登记审批表使用和填写说明

（一）使用说明

不动产登记审批表为示范表格，各地可参照使用，也可以根据实际情况，从便民利民和方便管理出发，进行适当调整。

（二）填写说明

初审、复审、核定：不动产登记的审批可以分为审核和核定程序。登记审核可以是初审、复审两审制，也可以是一审制。具体由专业的登记人员根据《不动产登记暂行条例》等规定填写审核意见，并签章。核定是登记机构有关负责人对登记结果的核查审定。不动产登记的具体审批程序可以由地方根据实际情况自行确定。

备注：可以填写登记申请人在申请中或者登记机构在审批中认为需要说明的其他事项。

七、不动产登记审批表填写示例

不动产登记审批表填写示例见表 4-10。

表 4-10　不动产登记审批表填写示例

不动产登记审批表			
不动产登记审批情况	初审	复审	核定
	申请人提交了登记申请的要件，申请书的填写内容与提交的材料一致。申请人要求取得不动产权利，符合国有建设用地使用权首次登记要求。 审查人：孙××（签章） 2023 年 1 月 28 日	申请登记的不动产与提交材料记载的内容一致，符合法律规定，建议进行国有建设用地使用权首次登记。 审查人：张××（签章） 2023 年 1 月 29 日	同意登记，为申请人颁发不动产权证书。 负责人：李×（公章） 2023 年 1 月 30 日
备注			
注：不动产登记时可将申请表和审批表合并，也可进行适当调整			

任务实施

村民刘××在×县沙湾镇湾沟村第一村民小组红星路 45 号拥有一块宅基地，并在地上自建了住房，地籍调查已完成，现依法申请办理产权证。受理后经审核并公告，符合不动产登记发证要求，请完成该《不动产登记审批表》的填写。

任务五　不动产登簿

开展不动产登簿操作。

村民刘××在村里拥有一块宅基地，并在地上自建了住房，已完成地籍调查，现依法办理产权证。现已完成申请、受理、审核，接下来如何登簿？

一、不动产登记簿内容

不动产登记机构应当按照国务院自然资源主管部门的规定设立统一的不动产登记簿。不动产登记簿以宗地或者宗海为单位编成，一宗地或者一宗海范围内的全部不动产单元编入一个不动产登记簿。不动产登记机构应当依法将各类登记事项准确、完整、清晰地记载于不动产登记簿。

不动产登记簿应当记载以下事项：

(1)不动产的坐落、界址、空间界限、面积、用途等自然状况。

(2)不动产权利的主体、类型、内容、来源、期限、权利变化等权属状况。

(3)涉及不动产权利限制、提示的事项。

(4)其他相关事项。

二、不动产登记簿格式

不动产登记簿格式见图 4-2 以及表 4-11～表 4-19。

__________省(区、市)__________市(区)__________县(市、区)
__________街道(乡、镇)__________街坊(村)__________组

不　动　产　登　记　簿

宗地/宗海代码：____________________
登记机构：________________________

图 4-2　不动产登记簿封面

表 4-11　宗地基本信息

第　　页

宗地基本信息				
单位：□m²□公顷(□亩)、万元				
不动产类型	□土地　□房屋等建筑物　□构筑物　□森林、林木　□其他			
坐落				
土地状况	宗地面积		用途	
	等级		价格	
	权利类型		权利性质	
	权利设定方式		容积率	
	建筑密度		建筑限高	
空间坐标、位置说明或者四至描述				
登记时间			登簿人	
附记				
变化情况	变化原因	变化内容	登记时间	登簿人

表 4-12　不动产权利登记目录

不动产权利登记目录　　第　　页				
序号	不动产单元号	不动产类型	所在本数	备注

表 4-13　不动产权利及其他事项登记信息

第________本

不动产权利及其他事项
登记信息

不动产单元号：__________

__________权登记在第__________页

抵押权登记在第__________页

地役权登记在第__________页

预告登记在第__________页

异议登记在第__________页

查封登记在第__________页

表 4-14　土地所有权登记信息

<table>
<tr><td colspan="7">土地所有权登记信息　　　第　　本 第　　页</td></tr>
<tr><td colspan="3">不动产单元号：</td><td colspan="4">单位：□m²□公顷(□亩)</td></tr>
<tr><td colspan="3">内容</td><td></td><td></td><td></td><td></td></tr>
<tr><td colspan="3">权利人</td><td></td><td></td><td></td><td></td></tr>
<tr><td colspan="3">证件种类</td><td></td><td></td><td></td><td></td></tr>
<tr><td colspan="3">证件号</td><td></td><td></td><td></td><td></td></tr>
<tr><td colspan="3">共有情况</td><td></td><td></td><td></td><td></td></tr>
<tr><td colspan="3">登记类型</td><td></td><td></td><td></td><td></td></tr>
<tr><td colspan="3">登记原因</td><td></td><td></td><td></td><td></td></tr>
<tr><td rowspan="7">分类面积</td><td colspan="2">农用地</td><td></td><td></td><td></td><td></td></tr>
<tr><td rowspan="4">其中</td><td>耕地</td><td></td><td></td><td></td><td></td></tr>
<tr><td>林地</td><td></td><td></td><td></td><td></td></tr>
<tr><td>草地</td><td></td><td></td><td></td><td></td></tr>
<tr><td>其他</td><td></td><td></td><td></td><td></td></tr>
<tr><td colspan="2">建设用地</td><td></td><td></td><td></td><td></td></tr>
<tr><td colspan="2">未利用地</td><td></td><td></td><td></td><td></td></tr>
<tr><td colspan="3">不动产权证书号</td><td></td><td></td><td></td><td></td></tr>
<tr><td colspan="3">登记时间</td><td></td><td></td><td></td><td></td></tr>
<tr><td colspan="3">登簿人</td><td></td><td></td><td></td><td></td></tr>
<tr><td colspan="3">附记</td><td></td><td></td><td></td><td></td></tr>
</table>

表 4-15　建设用地使用权、宅基地使用权登记信息

<table>
<tr><td colspan="5">建设用地使用权、宅基地使用权登记信息　　　第　　本 第　　页</td></tr>
<tr><td colspan="5">不动产单元号：</td></tr>
<tr><td>内容</td><td></td><td></td><td></td><td></td></tr>
<tr><td>权利人</td><td></td><td></td><td></td><td></td></tr>
<tr><td>证件种类</td><td></td><td></td><td></td><td></td></tr>
<tr><td>证件号</td><td></td><td></td><td></td><td></td></tr>
<tr><td>共有情况</td><td></td><td></td><td></td><td></td></tr>
<tr><td>权利人类型</td><td></td><td></td><td></td><td></td></tr>
<tr><td>登记类型</td><td></td><td></td><td></td><td></td></tr>
<tr><td>登记原因</td><td></td><td></td><td></td><td></td></tr>
<tr><td>使用权面积/m²</td><td></td><td></td><td></td><td></td></tr>
<tr><td>使用期限</td><td></td><td></td><td></td><td></td></tr>
<tr><td>取得价格/万元</td><td></td><td></td><td></td><td></td></tr>
<tr><td>不动产权证书号</td><td></td><td></td><td></td><td></td></tr>
<tr><td>登记时间</td><td></td><td></td><td></td><td></td></tr>
<tr><td>登簿人</td><td></td><td></td><td></td><td></td></tr>
<tr><td>附记</td><td></td><td></td><td></td><td></td></tr>
</table>

表 4-16　房地产权登记信息(项目内多幢房屋)

房地产权登记信息(项目内多幢房屋)			第　本 第　页	
不动产单元号：	房地坐落：			
内容				
房屋所有权人				
证件种类				
证件号				
房屋共有情况				
权利人类型				
登记类型				
登记原因				
土地使用权人				
独用土地面积/m^2				
分摊土地面积/m^2				
土地使用期限				
项目名称				
幢号				
总层数				
规划用途				
房屋结构				
建筑面积/m^2				
竣工时间				
总套数				
房地产交易价格/万元				
不动产权证书号				
登记时间				
登簿人				
附记				

表 4-17　房地产权登记信息(独幢、层、套、间房屋)

房地产权登记信息(独幢、层、套、间房屋)			第　本 第　页	
不动产单元号：	房地坐落：			
内容				
房屋所有权人				
证件种类				
证件号				
房屋共有情况				
权利人类型				
登记类型				

续表

登记原因				
土地使用权人				
独用土地面积/m^2				
分摊土地面积/m^2				
土地使用期限				
房地产交易价格/万元				
规划用途				
房屋性质				
房屋结构				
所在层/总层数				
建筑面积/m^2				
专有建筑面积/m^2				
分摊建筑面积/m^2				
竣工时间				
不动产权证书号				
登记时间				
登簿人				
附记				
附图 （房地产平面图，可附页）				

表 4-18　建筑物区分所有权业主共有部分登记信息

建筑物区分所有权业主共有部分登记信息　　第　　本 第　　页							
建筑物区分所有权业主共有部分权利人							
业务号	建(构)筑物编号	建(构)筑物名称	建(构)筑物数量或者面积/m^2	分摊土地面积/m^2	登记时间	登簿人	附记

表 4-19　抵押权登记信息

抵押权登记信息			第　本 第　页	
不动产单元号：	抵押不动产类型：□土地 □土地和房屋□林地和林木 □土地和在建建筑物 □海域 □海域和构筑物 □其他			
内容				
抵押权人				
证件种类				
证件号码				
抵押人				
抵押方式				
登记类型				
登记原因				
在建建筑物坐落				
在建建筑物抵押范围				
被担保主债权数额(最高债权数额)/万元				
债务履行期限(债权确定期间)				
最高债权确定事实和数额				
不动产登记证明号				
登记时间				
登簿人				
注销抵押业务号				
注销抵押原因				
注销时间				
登簿人				
附记				

任务实施

村民刘××在×县沙湾镇湾沟村第一村民小组红星路 45 号拥有一块宅基地，并在地上自建了住房，已完成地籍调查，现依法办理产权证。该不动产符合登记发证要求，通过了审核，请完成该《不动产登记簿》的填写。

任务六　不动产发证

任务目标

开展不动产发证操作。

任务导入

村民刘××在村里拥有一块宅基地，并在地上自建了住房，已完成地籍调查，现依法办理产权证。现已完成申请、受理、审核、登簿，接下来如何发证?

知识链接

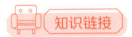

一、基本要求

不动产登记机构应当自受理登记申请之日起 30 个工作日内办结不动产登记手续，法律另有规定的除外。

不动产登记机构应当根据不动产登记簿，填写并核发不动产权属证书或者不动产登记证明。

除办理抵押权登记、地役权登记和预告登记、异议登记，向申请人核发不动产登记证明外，不动产登记机构应当依法向权利人核发不动产权属证书。

不动产权属证书和不动产登记证明应当加盖不动产登记机构登记专用章。

二、不动产权证书格式

不动产权证书格式见表 4-20。

表 4-20　不动产权证书格式

__________(　　)________不动产权第　　　号

权利人	
共有情况	
坐落	
不动产单元号	
权利类型	
权利性质	

续表

用途	
面积	
使用期限	
权利其他状况	

三、单一版不动产权证书使用和填写说明

（一）使用说明

单一版不动产权证书可以记载一个不动产单元上的一种权利或者互相兼容的一组权利，如集体土地所有权、国有建设用地使用权及房屋所有权、土地承包经营权及林木所有权等，可以在单一版证书记载。

不动产登记完成后，登记机构应当根据登记簿记载的内容，填写不动产权证书。登记簿记载的内容发生变化涉及证书的，不动产权利人在申请登记时应当交回不动产权证书，登记机构重新核发证书。登记簿记载的不动产权利注销的，不动产权利人应当交回证书，或者由登记机构公告废止。

（二）填写说明

1. 二维码

登记机构可以在证书上生成二维码，储存不动产登记信息。二维码由登记机构按照规定自行打印。

2. 登记机构（章）及时间

盖登记机构的不动产登记专用章。登记机构为县级以上人民政府依法确定的、负责不动产登记工作的部门，如××县人民政府确定由该县自然资源局负责不动产登记工作，则该县自然资源局为不动产登记机构，证书加盖“××县自然资源局不动产登记专用章”。

填写登簿的时间，格式为××××年××月××日，如2023年03月01日。

3. 编号

编号即印制证书的流水号，采用字母与数字的组合。字母“D”表示单一版证书。数字一般为11位。数字前2位为省份代码，北京11、天津12、河北13、山西14、内蒙古15、辽宁21、吉林22、黑龙江23、上海31、江苏32、浙江33、安徽34、福建35、江西36、山东37、河南41、湖北42、湖南43、广东44、广西45、海南46、重庆50、四川51、贵州52、云南53、西藏54、陕西61、甘肃62、青海63、宁夏64、新疆65、台湾71、香港81、澳门82。国家10，用于国务院自然资源主管部门的登记发证。数字后9位为证书印制的顺序码，码值为000000001～999999999。

4. 不动产权证书号：A（B）C不动产权第D号

“A”处填写登记机构所在省区市的简称。“B”处填写登记年度。“C”处一般填写登记机构所在市县的全称，特殊情况下，可根据实际情况使用简称，但应确保在省级范围内不出

现重名；“D”处是年度发证的顺序号，一般为 7 位，码值为 0000001～9999999。如云(2020)罗平县不动产权第 0000001 号、云(2023)开远市不动产权第 0000001 号。

国务院自然资源主管部门登记的，“A”处填写“国”，“B”处填写登记年度，“C”处填写“林”或者“海”，“D”处是年度发证的顺序号，一般为 7 位，码值为 0000001～9999999。

5. 权利人

填写不动产权利人的姓名或名称。共有不动产，发一本证书的，权利人填写全部共有人，“权利其他状况”栏记载持证人；共有人分别持证的，权利人填写持证人，其余共有人在“权利其他状况”栏记载。

宅基地、家庭承包方式取得的承包土地等共有不动产，权利人填写户主姓名，其余权利人在“权利其他状况”栏记载。

6. 共有情况

填写单独所有、共同共有或者按份共有的比例。

涉及房屋、构筑物的，填写房屋、构筑物的共有情况。

7. 坐落

填写宗地、宗海所在地的地理位置名称。涉及地上房屋的，填写有关部门依法确定的房屋坐落，一般包括街道名称、门牌号、幢号、楼层号、房号等。

8. 不动产单元号

填写不动产单元的编号。

9. 权利类型

根据登记簿记载的内容，填写不动产权利名称。涉及两种的，用“/”分开(“/”由登记机构自行打印)。如：集体土地所有权；国家土地所有权；国有建设用地使用权；国有建设用地使用权/房屋(构筑物)所有权；宅基地使用权；宅基地使用权/房屋(构筑物)所有权；集体建设用地使用权；集体建设用地使用权/房屋(构筑物)所有权；土地承包经营权；土地承包经营权/森林、林木所有权；林地使用权；林地使用权/森林、林木使用权；草原使用权；水域滩涂养殖权；海域使用权；海域使用权/构(建)筑物所有权；无居民海岛使用权；无居民海岛使用权/构(建)筑物所有权等。

10. 权利性质

国有土地填写划拨、出让、作价出资(入股)、国有土地租赁、授权经营等；集体土地填写家庭承包、其他方式承包、批准拨用、流转、联营、自留山使用、集体经营等。土地所有权不填写。房屋按照商品房、房改房、经济适用住房、廉租住房、自建房等房屋性质填写。构筑物按照构筑物类型填写。森林、林木按照林种填写。海域、海岛填写审批、出让等。

涉及两种的，用“/”分开(“/”由登记机构自行打印)。

11. 用途

土地按 GB/T 21010、《国土空间调查、规划、用途管制用地用海分类指南》等填写二级分类，海域按《海域使用分类体系》填写用海类型二级分类。房屋、构筑物填写规划用途。

涉及两种的，用“/”分开(“/”由登记机构自行打印)。

12. 面积

填写登记簿记载的不动产单元面积。涉及宗地、宗海及房屋、构筑物的，用“/”分开

("/"由登记机构自行打印)，分别填写宗地、宗海及房屋、构筑物的面积。

土地、海域共有的，填写宗地、宗海面积。共同共有人和按份共有人及其比例(共有的宗地、宗海，填写相应的使用权面积；建筑物区分所有权房屋和共有土地上建筑的房屋，填写独用土地面积与分摊土地面积加总后的土地使用面积)等共有情况在"权利其他状况"栏记载。

13. 使用期限

填写具体不动产权利的使用起止时间，如××××年××月××日起××××年××月××日止。涉及地上房屋、构筑物的，填写土地使用权的起止日期；涉及海上构(建)筑物的，填写海域使用权的起止日期；土地承包经营权填写土地承包合同起止日期。土地所有权以及未明确权利期限的可以不填。

14. 权利其他状况

根据不同的不动产权利类型，可以分别填写以下内容：

(1)土地所有权。按照农用地、建设用地、未利用地三大类，可以依据最新土地调查成果或者勘测结果填写对应的面积。

(2)房屋所有权。

1)房屋结构。按照钢结构、钢和钢筋混凝土结构、钢筋混凝土结构、混合结构、砖木结构、其他结构六类填写。

2)专有建筑面积和分摊建筑面积。

3)房屋总层数和所在层。记载房屋所在建筑物的总层数和所在层。

4)房屋竣工时间等。

(3)土地承包经营权。

1)发包方。填写土地承包合同的发包方全称。

2)承包土地的实测面积。

3)家庭承包方式的共有人情况：填写依法共同享有该证书所登记土地承包经营权的所有人员的姓名(性别、年龄、与户主关系)等情况。

15. 附记

记载设定抵押权、地役权、查封等权利限制或提示事项及其他需要登记的事项。

16. 附图页

附反映不动产界址及四至范围的示意图形，不一定依照比例尺。附图应当打印，暂不具备条件的，可以粘贴。房地一体登记的，附图页要同时打印或粘贴宗地图和房地产平面图。

四、不动产权证书填写示例

不动产权证书填写示例见表 4-21。

表 4-21　不动产权证书填写示例

云（2023）官渡区不动产权第 0003××× 号

权利人	王××
共有情况	单独所有
坐落	昆明市官渡区××街道办事处××小区 5 幢 1505 室
不动产单元号	530111 006005 GB000×× F00051505
权利类型	国有建设用地使用权/房屋所有权
权利性质	出让/商品房
用途	城镇住宅用地/成套住宅
面积	分摊土地面积 4.16 m^2/房屋建筑面积 132.65 m^2
使用期限	国有建设用地使用权 2021 年 04 月 24 日起 2091 年 04 月 23 日止
权利其他状况	房屋结构：钢筋混凝土结构 专有建筑面积：104.79 m^2，分摊建筑面积 27.86 m^2 房屋总层数：34，所在层数：15 房屋竣工时间：2023 年 05 月 21 日

五、不动产登记证明格式

不动产登记证明格式见表 4-22。

表 4-22　不动产登记证明格式

______（　）______不动产证明第　　　号

证明权利或事项	
权利人(申请人)	
义务人	
坐落	
不动产单元号	
其他	
附记	

六、不动产登记证明使用和填写说明

(一)使用说明

不动产登记证明用于证明不动产抵押权、地役权或者预告登记、异议登记等事项。不动产登记申请人申请登记的事项记载于登记簿后，登记机构应根据登记簿的记载内容，填写本登记证明。

因本证明对应的不动产登记簿记载内容发生变更的，不动产登记证明的权利人或者申请人应当交回不动产登记证明，登记机构重新核发新的证明。因本证明对应的不动产登记簿记载的内容注销的，不动产登记证明的权利人或者申请人应当交回该证明，或者由登记机构公告废止。

（二）填写说明

1. 登记机构(章)及时间

盖登记机构的不动产登记专用章。登记机构为县级以上人民政府依法确定的、负责不动产登记工作的部门，如：××县人民政府确定由该县自然资源局负责不动产登记工作，则该县自然资源局为不动产登记机构，证明加盖"××县自然资源局不动产登记专用章"。

填写登簿的时间，格式为××××年××月××日，如2023年03月01日。

2. 编号

编号即印制证明的流水号，一般为11位。前2位为省份代码，北京11、天津12、河北13、山西14、内蒙古15、辽宁21、吉林22、黑龙江23、上海31、江苏32、浙江33、安徽34、福建35、江西36、山东37、河南41、湖北42、湖南43、广东44、广西45、海南46、重庆50、四川51、贵州52、云南53、西藏54、陕西61、甘肃62、青海63、宁夏64、新疆65、台湾71、香港81、澳门82。国家10，用于国务院自然资源主管部门的登记发证。后9位为证明印制的顺序码，码值为000000001～999999999。

3. 不动产登记证明号：A（B）C不动产证明第D号

"A"处填写登记机构所在省区市的简称；"B"处填写登记年度；"C"处一般填写登记机构所在市县的全称，特殊情况下，可根据实际情况使用简称，但应确保在省级范围内不出现重名；"D"处是年度发证的顺序号，一般为7位，码值为0000001～9999999。如云(2022)罗平县不动产证明第0000001号、云(2023)开远市不动产证明第0000001号。

国务院自然资源主管部门登记的，"A"处填写"国"，"B"处填写登记年度，"C"处填写"林"或者"海"，"D"处是年度发证的顺序号，一般为7位，码值为0000001～9999999。

4. 二维码

登记机构可以在证明上生成二维码，储存不动产登记信息。二维码由登记机构按照规定自行打印。

5. 证明权利或事项

填写抵押权、地役权、居住权或者预告登记、异议登记等事项。

6. 权利人(申请人)

抵押权、地役权、居住权或者预告登记，填写权利人姓名或名称。异议登记，填写申请人姓名或名称。

7. 义务人

填写抵押人、供役地权利人或者预告登记的义务人的姓名或名称。异议登记的，可以不填写。

8. 坐落

填写不动产单元所在宗地、宗海的地理位置名称。涉及地上房屋的，填写有关部门依法确定的房屋坐落，一般包括街道名称、门牌号、幢号、楼层号、房号等。

9. 不动产单元号

填写不动产单元的编号。

10. 其他

根据不同的不动产登记事项，分别填写以下内容：

(1)抵押权。

1)不动产权证书号。

2)抵押的方式。

3)担保债权的数额。

(2)地役权。

1)供役地的不动产权证书号。

2)需役地的坐落。

3)地役权的内容。

(3)预告登记。

1)已有的不动产权证书号。

2)预告登记的种类。

(4)异议登记。异议登记的内容。

(5)居住权。

1)居住住宅范围。

2)居住期限。

11. 附记

记载其他需要填写的事项。

七、不动产登记证明填写示例

不动产登记证明填写示例见表 4-23。

表 4-23　不动产登记证明填写示例

<u>云</u>(2023)<u>官渡区</u>不动产证明第 0001×××号

证明权利或事项	抵押权
权利人(申请人)	中国建设银行股份有限公司云南省分行××路支行
义务人	王××
坐落	昆明市官渡区××街道办事处××小区 5 幢 1505 室
不动产单元号	530111 006005 GB000×× F00051505
其他	(1)不动产权证号码：<u>云</u>(2023)<u>官渡区</u>不动产权第 0003××× 号 (2)抵押权种类：一般抵押 (3)担保债权的数额：250 万元
附记	债务履行期限：一年(2023 年 07 月 19 日—2024 年 07 月 18 日) 抵押范围：全部抵押房屋的所有权和土地使用权

八、不动产权属证书与不动产登记簿的关系

不动产权属证书与不动产登记簿的关系：完成不动产物权公示的是不动产登记簿，不动产物权的归属和内容以不动产登记簿的记载为根据；不动产权属证书只是不动产登记簿所记载内容的外在表现形式。简而言之，不动产登记簿是不动产权属的母本，不动产权属证书则是证明不动产登记簿登记内容的证明书。不动产权属证书记载的事项应当与不动产登记簿一致；如果出现记载内容不一致的，除有证据证明并且经过法定程序认定不动产登记簿确有错误的外，物权的归属以不动产登记簿为准。

任务实施

填写不动产权证书

×县(530325)第5地籍区第3地籍子区沙湾镇湾沟村第一村民小组的集体所有权土地上，顺序号为145的宗地为农村宅基地，该处宅基地上建有1栋住房，产权人为刘××，该户还有成员王××(丈夫)、王×(长子)、王×(次子)。用地面积为145.64 m^2，房屋建筑面积为131.10 m^2，钢混结构。

村民刘××在村里的这块宅基地及地上房屋，符合登记发证要求，请完成不动产权证书的填写。

自我评测习题集

一、单项选择题

1. 下述(　　)属于有关不动产登记的法律法规。
   A.《中华人民共和国城市房地产管理法》　B.《中华人民共和国公司法》
   C.《中华人民共和国环境保护法》　D.《中华人民共和国商标法》
2. (　　)是指附着于不动产上的物权类型。
   A. 不动产权属来源　B. 不动产权属性质
   C. 不动产权利主体　D. 不动产权利客体
3. 房屋等建筑物、构筑物和森林、林木等定着物应当与其所依附的土地、海域一并登记，这是依据(　　)要求。
   A. 一体登记　B. 合法登记　C. 申请登记　D. 属地登记
4. 不动产登记应当依照当事人的申请进行，这是依据(　　)要求。
   A. 一体登记　B. 合法登记　C. 申请登记　D. 属地登记
5. 不动产登记由不动产所在地的县级人民政府不动产登记机构办理，这是依据(　　)要求。
   A. 一体登记　B. 合法登记　C. 申请登记　D. 属地登记

6. 未办理不动产首次登记的，不得办理不动产其他类型登记，这是依据(　　)要求。

A. 一体登记　B. 合法登记　C. 连续登记　D. 属地登记

7. 土地登记的基本单元是(　　)。

A. 宗地　B. 地块　C. 土地权利　D. 土地权利人

8. 位于云南省红河州开远市中和营镇的××村民小组集体所有的土地，无权属争议，应该由(　　)不动产登记机构办理登记。

A. 中和营镇　B. 开远市　C. 红河州　D. 云南省

9. 位于昆明市宜良县马街镇的×××村集体所有的土地，无权属争议，应该由(　　)不动产登记机构办理登记。

A. 马街镇　B. 宜良县　C. 昆明市　D. 云南省

10. 位于昆明市晋宁区六街街道的甲村民小组乙村民的宅基地，无权属争议，应该由(　　)不动产登记机构办理登记。

A. 甲村民小组　B. 六街街道　C. 晋宁区　D. 昆明市

11. 位于云南省楚雄州楚雄市大地基乡的甲村民小组乙村民的宅基地，无权属争议，应该由(　　)不动产登记机构办理登记。

A. 甲村民小组　B. 大地基乡　C. 楚雄市　D. 楚雄州

12. 张三购买了位于昆明市北京路650号美好小区的一套商品住宅，无权属争议，该小区地处盘龙区金辰街道，应该由(　　)不动产登记机构办理登记。

A. 金辰街道　B. 盘龙区　C. 昆明市　D. 云南省

13. 按登记权利划分，不动产登记可以分为所有权登记、(　　)和其他权利登记。

A. 土地登记　B. 本登记

C. 农村不动产登记　D. 使用权登记

14. 按登记地域划分，不动产登记可以分为城镇不动产登记和(　　)。

A. 土地登记　B. 本登记

C. 农村不动产登记　D. 使用权登记

15. 我国现在实行不动产(　　)登记制度。

A. 统一　B. 独立　C. 各自　D. 分散

16.《不动产登记暂行条例》自(　　)年开始施行。

A. 2014　B. 2015　C. 2016　D. 2017

17.《不动产登记暂行条例实施细则》自(　　)年开始施行。

A. 2014　B. 2015　C. 2016　D. 2017

18. 不动产登记程序的第一步是(　　)。

A. 受理　B. 申请　C. 通告　D. 审核

19. 不动产登记程序的最后一步是(　　)。

A. 审核　B. 调查　C. 公告　D. 发证

20. 下列(　　)材料不属于不动产登记程序形成的成果。

A. 不动产登记申请表　B. 申请人身份证件

C. 地籍调查表　D. 不动产权证书

21. 在不动产登记的程序中，处在审核与发证之间的是(　　)。

A. 准备　　B. 申请　　C. 通告　　D. 登簿

22. 在不动产登记的程序中，处在登簿之后的环节是(　　)。

A. 申请　　B. 调查　　C. 通告　　D. 发证

23. 不动产登记进行权属审核时，对于某国有公司应审查(　　)。

A. 企业法人营业执照　　B. 社会团体登记证书

C. 事业单位登记证明　　D. 行政机构登记证书

24. 不动产登记进行权属审核时，对于某私营企业应审查(　　)。

A. 企业法人营业执照　　B. 社会团体登记证书

C. 事业单位登记证明　　D. 行政机构登记证书

25. 不动产登记进行权属审核时，对于某行业协会应审查(　　)。

A. 企业法人营业执照　　B. 社会团体登记证书

C. 事业单位登记证明　　D. 行政机构登记证书

26. 不动产登记进行权属审核时，对于云南国土资源职业学院应审查(　　)。

A. 企业法人营业执照　　B. 社会团体登记证书

C. 事业单位登记证明　　D. 行政机构登记证书

27. 不动产登记进行权属审核时，对于某县民政局应审查(　　)。

A. 企业法人营业执照　　B. 社会团体登记证书

C. 事业单位登记证明　　D. 行政机构登记证书

28. 有10个人共同出资购买一地产，等额享有共有物，如果要将该地产出售，则最少需(　　)个人同意才能办理。

A. 10　　B. 8　　C. 7　　D. 6

29. 有5个人共同出资购买一地产，等额享有共有物，如果要将该地产出售，则最少需(　　)个人同意才能办理。

A. 5　　B. 4　　C. 3　　D. 2

30. 不动产登记费按(　　)收取。

A. 面积　　B. 件　　C. 体积　　D. 价款

31. 住宅类不动产登记收费标准为每件(　　)元。

A. 550　　B. 100　　C. 90　　D. 80

32. 不动产登记的证书工本费原则上(　　)元/本。

A. 20　　B. 15　　C. 10　　D. 5

33. 以下程序，不属于办理不动产证书的必经步骤的是(　　)。

A. 申请　　B. 审核　　C. 实地查看　　D. 发证

34. 不动产登记公告应当在指定场所进行，公告期不少于(　　)个工作日。

A. 15　　B. 20　　C. 25　　D. 30

35. 不动产权证书是根据(　　)填写的。

A. 不动产登记申请表　　B. 不动产登记审批表

C. 不动产登记簿　　D. 地籍调查表

36. 证书遗失、灭失申请补发的，由登记机构在其门户网站上刊发遗失、灭失声明（　　）个工作日后补发。

A. 15　　B. 20　　C. 25　　D. 30

37. 不动产登记事项自（　　）完成登记。

A. 领取不动产权证书后　　B. 领证签收簿上签字后

C. 领导审批签字后　　D. 记载于不动产登记簿后

二、判断题

1. 当事人或者其代理人应当到不动产登记机构指定场所申请不动产登记。（　　）

2. 申请不动产登记的，申请人应当填写登记申请书，可以不用提交身份证明以及相关申请材料。（　　）

3. 申请不动产登记的，申请人应当使用中文名称或者姓名。（　　）

4. 申请不动产登记的，申请人可以使用英文名称或者姓名。（　　）

5. 共有包括按份共有和共同共有两种形式。（　　）

6. 家庭共有属于共同共有的一种形式。（　　）

7. 不动产登记机构未当场书面告知申请人不予受理的，视为受理。（　　）

8. 非住宅类不动产登记收费标准为每件 560 元。（　　）

9. 抵押权登记不收取登记证明工本费。（　　）

10. 不动产登记的公告可以为一个半月。（　　）

11. 不动产登记公告应在不动产登记申请之前。（　　）

12. 只要书面的不动产登记申请，就能通过审核并登记发证。（　　）

13. 当事人的代理人可以不必到不动产登记机构指定场所申请不动产登记。（　　）

14. 不动产登记机构进行实地查看或者调查时，申请人、被调查人可以不用配合。（　　）

15. 尚未解决的权属争议的，不动产登记机构应当不予登记。（　　）

16. 任何单位和个人不得擅自复制或者篡改不动产登记簿信息。（　　）

17. 不动产登记簿必须采用纸质介质。（　　）

18. 不动产登记簿由不动产登记机构看情况决定保存时间。（　　）

项目五 不动产具体登记

知识目标

(1)了解不动产各类具体登记的要点;
(2)了解办理不同类型的不动产具体登记。

能力目标

(1)能够完成国有建设用地使用权及房屋所有权首次登记;
(2)能够完成国有建设用地使用权及房屋所有权转移登记;
(3)能够完成国有建设用地使用权及房屋所有权变更登记;
(4)能够完成集体土地所有权登记;
(5)能够完成宅基地使用权及房屋所有权登记;
(6)能够完成不动产抵押权登记;
(7)能够完成注销登记;
(8)能够完成其他登记。

素养目标

(1)具有认真负责的态度,树立规范操作、精益求精的工作意识;
(2)具有创新意识,能在教师指导下或者独立开展登记工作。

项目介绍

《不动产登记暂行条例》阐述了首次登记、变更登记、转移登记、注销登记、更正登记、异议登记、预告登记、查封登记等具体登记类型。

本项目主要通过案例学习,掌握不同类型不动产登记中涉及的权利内容法律特征以及

该类型登记的办理要点等。

任务一　国有建设用地使用权及房屋所有权首次登记

任务目标

办理国有建设用地使用权及房屋所有权首次登记。

任务导入

云南灵泉机械设备有限公司与某区自然资源分局签订了《国有建设用地使用权出让合同》，取得某市××区灵泉街道光明路243号的工业用地，地上无附着物。该公司现申请不动产登记，如何办理？

知识链接

不动产首次登记是指不动产权利第一次登记。

依法取得国有建设用地使用权，可以单独申请国有建设用地使用权登记。依法利用国有建设用地建造房屋的，可以申请国有建设用地使用权及房屋所有权登记。

案例一

×学校1995年7月经省政府划拨土地4 hm^2 扩建学校，建设教学楼和标准运动场。由于各种原因，该学校一直未办理土地登记手续。

2023年县自然资源管理部门敦促该校尽快办理不动产登记。

如何办理？

一、划拨国有建设用地使用权

（一）基本概念

国有建设用地使用权的划拨是指县级以上地方人民政府依法批准，在国有建设用地使用权人缴纳补偿、安置等费用后将该宗地交付其使用，或者将国有建设用地使用权无偿交付给土地使用人使用的行为。

（二）划拨国有建设用地使用权的法律特征

（1）划拨国有建设用地使用权是依国家行政行为而获得的权利。划拨国有建设用地使用权是国家凭借行政权力进行土地资源配置的方式，土地使用人获得该种权利首先必须经县级以上人民政府批准。

以划拨方式取得的国有建设用地使用权，如为新征收的集体土地或者其他单位正在使用的国有土地，划拨国有建设用地使用权人须支付土地补偿费和安置、拆迁补助费。

（2）划拨国有建设用地使用权的取得范围受限制。建设单位使用国有土地，应当以出让等有偿使用方式取得；但是，下列建设用地经县级以上人民政府依法批准，可以以划拨方式取得：

1）国家机关用地和军事用地。

2）城市基础设施用地和公益事业用地。

3）国家重点扶持的能源、交通、水利等基础设施用地。

4）法律、行政法规规定的其他用地。

今后除军事、社会保障性住房和特殊用地等可以继续以划拨方式取得土地外，对国家机关办公和交通、能源、水利等基础设施（产业）、城市基础设施，以及各类社会事业用地要积极探索实行有偿使用，对其中的经营性用地先行实行有偿使用。

（3）划拨国有建设用地使用权一般没有明确的使用期限。以划拨方式取得国有建设用地使用权，除法律、法规另有规定外，没有使用期限的限制。市、县人民政府根据城市建设发展需要和城市规划的要求，可以依法收回，否则土地使用权人一般可以长期使用。

（4）城镇范围内的划拨国有建设用地使用权人应缴纳土地使用税。在城市、县城、建制镇、工矿区范围内使用土地的单位，为城镇土地使用税的纳税义务人。划拨国有建设用地使用权获得者也应依法缴纳土地使用税。

（5）划拨国有建设用地使用权的处置受法律限制。需转让、出租、抵押的，土地使用权人应当持产权证向市、县自然资源行政主管部门提出申请，报有批准权的人民政府批准。经市、县自然资源行政主管部门和房产主管部门批准，其划拨国有建设用地使用权和地上建筑物、其他附着物所有权可以转让、出租、抵押。

划拨建设用地使用权人必须按照规定的用途和使用条件开发建设与使用土地。需改变土地用途的，必须持产权证向市、县自然资源行政主管部门提出申请，报有批准权的人民政府批准。

案例二

2013 年 10 月，某企业到某市投资，为建设厂房与该市开发区管委会签订《国有建设用地使用权出让合同》。2023 年，该企业到市自然资源管理部门办理登记手续，却被告知其与开发区管委会订立的土地使用权出让合同无效。该企业认为土地使用权出让合同是民事合同且已支付了出让金，该合同是有效的，遂向法院提起诉讼。

该企业会胜诉吗？

二、出让国有建设用地使用权

(一)基本概念

国有建设用地使用权出让是指国家以土地所有权人的身份将国有建设用地使用权在一定年限内让与土地使用权人，并由土地使用权人向国家支付国有建设用地使用权出让金的行为。

(二)出让国有建设用地使用权的法律特征

(1)出让国有建设用地使用权的主体广泛。出让国有建设用地使用权的受让主体要比划拨国有建设用地使用权的主体和农村集体土地使用权的主体广泛得多，中华人民共和国境内外的自然人、法人和其他组织，除法律、法规另有规定外，均可成为出让国有建设用地使用权的主体。

(2)国有建设用地使用权出让可以采取协议、招标、拍卖、挂牌方式。

1)协议出让国有建设用地使用权是指市、县人民政府自然资源行政主管部门以协议方式将国有建设用地使用权在一定年限内出让给土地使用权人，由土地使用权人向国家支付土地使用权出让金的行为。

2)招标出让国有建设用地使用权是指市、县人民政府自然资源行政主管部门发布招标公告，邀请特定或者不特定的自然人、法人和其他组织参加国有建设用地使用权投标，根据投标结果确定国有建设用地使用权人的行为。

3)拍卖出让国有建设用地使用权是指出让人发布拍卖公告，由竞买人在指定时间、地点进行公开竞价，根据出价结果确定国有建设用地使用权人的行为。

4)挂牌出让国有建设用地使用权是指出让人发布挂牌公告，按公告规定的期限将拟出让宗地的交易条件在指定的土地交易场所挂牌公布，接受竞买人的报价申请并更新挂牌价格，根据挂牌期限截止时的出价结果确定国有建设用地使用权人的行为。

招标、拍卖、挂牌出让国有建设用地使用权范围包括以下三类。

①工业、商业、旅游、娱乐和商品住宅等经营性用地。

②同一宗地有两个以上意向用地者的。

③划拨土地使用权改变用途、转让，出让土地使用权改变用途、国有建设用地使用权出让合同约定或法律、法规、行政规定等明确应当收回土地使用权，实行招标拍卖挂牌出让的。

出让国有建设用地使用权，除依照法律、法规和规章的规定应当采用招标、拍卖或者挂牌方式外，也可采取协议方式。

(3)出让国有建设用地使用权须有偿取得。以出让等有偿使用方式取得国有建设用地使用权的建设单位按照国务院规定的标准和办法，缴纳土地使用权出让金等土地有偿使用费和其他费用后，方可使用土地。出让金一般在出让合同签订后的法定或约定期限内，向出让方的国家一次性支付，或在确定的期限内分期支付。

(4)以协议方式出让国有土地使用权的出让金不得低于按国家规定所确定的最低价。协议出让最低价不得低于新增建设用地的土地有偿使用费、征地(拆迁)补偿费用以及按照国家规定应当缴纳的有关税费之和。有基准地价的地区，协议出让最低价不得低于出让地块所在级别基准地价的70%。低于最低价时，国有建设用地使用权不得出让。

(5)出让国有建设用地使用权受使用期限限制。土地使用权出让的最高年限因土地用途不同而不同，居住用地70年，工业用地50年，教育、科技、文化、卫生、体育用地50年，商业、旅游、娱乐用地40年，综合或者其他用地50年。实际出让年限则由当事人双方通过合同约定，合同约定的年限不得超过法律规定的最高年限。

(6)出让国有建设用地使用权由政府专管。国有建设用地使用权的出让，由市、县以上人民政府负责，由自然资源行政主管部门具体实施。除此之外，任何单位、组织和个人都不得从事国有建设用地使用权的出让活动。

(7)付清全部土地出让价款后，方可办理土地登记。根据《招标拍卖挂牌出让国有建设用地使用权规定》，受让人依照国有建设用地使用权出让合同的约定付清全部土地出让价款后，方可申请办理土地登记，领取登记国有建设用地使用权的证书。

未按出让合同约定缴清全部土地出让价款的，不得发放登记国有建设用地使用权的证书，也不得按出让价款缴纳比例分割发放证书。

三、国有建设用地使用权首次登记办理要点

(一)申请主体

国有建设用地使用权首次登记的申请主体应当为土地权属来源材料上记载的国有建设用地使用权人。

(二)申请材料

(1)不动产登记申请书(原件1份)。

(2)申请人身份证明(查验原件)。

(3)土地权属来源材料，包括以下几项：

1)以出让方式取得的，应当提交县级以上人民政府批准文件、出让合同(原件1份)和缴清土地出让价款凭证(原件1份)。

2)以划拨方式取得的，应当提交县级以上人民政府的批准用地文件和国有建设用地使用权划拨决定书(原件1份)。

3)以租赁方式取得的，应当提交土地租赁合同(原件1份)和土地租金缴纳凭证(原件1份)。

4)以作价出资或者入股方式取得的，应当提交作价出资或者入股批准文件(原件1份)。

5)以授权经营方式取得的，应当提交土地资产授权经营批准文件(原件1份)。

(4)地籍调查表、宗地图、宗地界址点坐标等经管理部门审核通过的不动产地籍调查成果资料(原件1份)。

(5)依法应当纳税的，应提交完税凭证(原件1份)。

(三)办理流程

办理流程为申请—受理—审核—登簿—发证。

(四)办理时限

材料齐全，自受理之日起5个工作日(各地时限有所不同)办结。

四、国有建设用地使用权及房屋所有权首次登记办理要点

(一)申请主体

国有建设用地使用权及房屋所有权首次登记的申请主体应当为不动产登记簿或土地权属来源材料记载的国有建设用地使用权人。

(二)申请材料

(1)不动产登记申请书(原件1份)。

(2)申请人身份证明(查验原件)。

(3)不动产权属证书或者土地权属来源材料(原件1份)。

(4)建设项目立项批准文件(原件1份)、建设工程规划许可证(原件1份)、施工许可证(原件1份)、用地许可证(原件1份)。

(5)建设工程竣工验收文件(竣工验收备案表)(原件1份)、规划验收核查意见(原件1份)。

(6)报规划的1∶500房屋位置平面图及1∶100或1∶200房屋分层平面图(原件1份)；批后竣工测量成果报告(房屋竣工规划核查意见时出具的测绘报告)(原件1份)；经管理部门审核通过的地籍调查资料(原件1份)；申请登记房屋明细表(原件1份)；商品房提交预售许可证、资质证明(复印件1份)。

(7)建筑物区分所有的，确认建筑区划内属于业主共有的道路、绿地、其他公共场所、公用设施和物业服务用房等材料(原件1份)。

(8)相关税费缴纳凭证(原件1份)。

(三)办理流程

办理流程为申请—受理—实地查看—审核—登簿—发证。

(四)办理时限

材料齐全，自受理之日起5个工作日(各地时限有所不同)办结。

示例范本一

办理划拨国有建设用地使用权首次登记

2023 年 4 月 15 日，云南省民族博物馆以划拨方式取得位于×市××区北京路 439 号、面积 10.54 亩的国有建设用地使用权，用于民族物品博物展览，地上暂时无定着物。图幅号为 655.50-345.75，宗地号为 009-007-117。土地等级为某市公共用地Ⅲ级。

2023 年 5 月 05 日，使用权人申请办证，经调查，该宗地门牌号已变更为 451 号。经审核，该宗地符合不动产登记发证要求，请你登记发证。

备注：××区当年颁发的上一本证书编号为 0000129(××区编码 530103)。

附 1：不动产权证书填写示例(表 5-1)

表 5-1　不动产权证书填写示例

云 (2023)××区 不动产权第 0000130 号

权利人	云南省民族博物馆
共有情况	单独所有
坐落	×市××区北京路 451 号
不动产单元号	530103 009007 GB00117 W00000000
权利类型	国有建设用地使用权
权利性质	划拨
用途	文化设施用地
面积	7 026.67 m^2
使用期限	/
权利其他状况	/

示例范本二

办理出让国有建设用地使用权首次登记

2019 年 1 月 15 日，云南 A 房地产开发有限公司与土地部门签订了《土地出让合同》，缴清了全部出让金和税费，取得位于×市××区曙光路 157 号、面积为 13.75 亩的城镇住宅用地使用权(红线内)。使用年限为 66 年(从签订合同的第三日起算)，当月已进行土地登记，图号为 255.50-145.75，地号为 07-02-035(某市住宅用地Ⅳ级)。

备注：××区当年颁发的上一本证书编号为 0000081(××区编码 530103)。

附 2：不动产权证书填写示例(表 5-2)

表 5-2　不动产权证书填写示例

云（2019）××区　不动产权第 0000082 号

权利人	云南 A 房地产开发有限公司
共有情况	单独所有
坐落	×市××区曙光路 157 号
不动产单元号	530103 007002 GB00035 W00000000
权利类型	国有建设用地使用权
权利性质	出让
用途	城镇住宅用地
面积	9 166.67 m^2
使用期限	国有建设用地使用权 2019 年 01 月 17 日起 2085 年 01 月 16 日止
权利其他状况	/

示例范本三

办理出让国有建设用地使用权及房屋所有权首次登记

张×、赵×为夫妻，两人与某区自然资源分局签订了《国有建设用地使用权出让合同》，取得×市××区松华坝街道三明路 55 号的城镇住宅用地。宗地面积为 230 m^2，地籍区号 025，地籍子区号 011，宗地顺序号为 00036，图号为 2250.00-625.00。土地出让合同于 2022 年 3 月 1 日签订，约定签订合同后的第五日取得土地使用权，出让年限 70 年。

2023 年 5 月 15 日，权利人在地上自建的独栋 2 层房屋竣工，钢混结构，建筑面积为 405.15 m^2。

经审核，该宗地及地上房屋符合不动产登记发证要求，请你登记发证。

备注：××区 2023 年颁发的上一本证书编号为 0000145(××区编码 530103)。

附 3：不动产权证书填写示例(表 5-3)

表 5-3　不动产权证书填写示例

云（2023）××区　不动产权第 0000146 号

权利人	张×、赵×
共有情况	共同所有
坐落	×市××区松华坝街道三明路 55 号
不动产单元号	530103 025011 GB00036 F00010001
权利类型	国有建设用地使用权/房屋所有权
权利性质	出让/自建房
用途	城镇住宅用地/住宅
面积	土地面积 230.00 m^2/房屋建筑面积 405.15 m^2
使用期限	国有建设用地使用权 2022 年 03 月 06 日起 2092 年 03 月 05 日止

续表

权利其他状况	持证人：张× 房屋结构：钢筋混凝土结构 房屋竣工时间：2023 年 05 月 15 日 房屋总层数：2

任务实施

填写国有建设用地使用权首次登记的不动产权证书

云南灵泉机械设备有限公司与×区自然资源分局签订了《国有建设用地使用权出让合同》，取得×市××区灵泉街道光明路 243 号的工业用地。宗地面积为 5 400 m^2，地籍区号 018，地籍子区号 004，宗地顺序号为 00112。土地出让合同于 2023 年 1 月 23 日签订，约定签订合同当日取得土地使用权，出让年限为 50 年。地上无附着物。

经审核，该宗地符合不动产登记发证要求，请登记发证，填写不动产权证书(表 5-4)。

备注：××区 2023 年颁发的上一本证书编号为 0000045(××区编码 530103)。

表 5-4　不动产权证书

________(　　)________不动产权第________号

权利人	
共有情况	
坐落	
不动产单元号	
权利类型	
权利性质	
用途	
面积	
使用期限	
权利其他状况	

任务二　国有建设用地使用权及房屋所有权转移登记

任务目标

办理国有建设用地使用权及房屋所有权转移登记。

任务导入

在任务一中，云南灵泉机械设备有限公司于2023年1月取得了不动产权证书。2023年7月12日，该宗地已开发形成工业用地基本条件，云南灵泉机械设备有限公司将该不动产整体卖给了昆明新星机械装配有限公司，昆明新星机械装配有限公司现申请办证。如何办理?

知识链接

因下列情形导致不动产权利转移的，当事人可以向不动产登记机构申请转移登记:

(1)买卖、互换、赠予不动产的。

(2)以不动产作价出资(入股)的。

(3)法人或者其他组织因合并、分立等原因致使不动产权利发生转移的。

(4)不动产分割、合并导致权利发生转移的。

(5)继承、受遗赠导致权利发生转移的。

(6)共有人增加或者减少以及共有不动产份额变化的。

(7)因人民法院、仲裁委员会的生效法律文书导致不动产权利发生转移的。

案例一

某市某国有企业(甲单位)原拥有一块划拨取得的工业用地(土地面积5 000 m^2)。现因甲单位经营不善，经市政府批准，将该土地使用权转至一国有独资公司(乙单位)名下。

一、划拨国有土地使用权转移登记

划拨国有土地使用权转移登记是对经登记的划拨国有土地使用权权属发生的改变进行的土地登记。

(一)划拨国有土地使用权转移登记的法律特征

以划拨方式取得土地的，转让房地产时，应当按照国务院规定，报有批准权的人民政府审批。有批准权的人民政府准予转让的，应当由受让方办理土地使用权出让手续，并依照国家有关规定缴纳土地使用权出让金。土地使用者缴纳全部出让金后，土地行政主管部门直接办理土地使用权出让登记。

符合下列条件的，经市、县人民政府土地行政主管部门批准和房产管理部门批准，其划拨土地使用权和地上建筑物、其他附着物所有权可以转让、出租、抵押:

(1)土地使用者为公司、企业、其他经济组织和个人。

(2)领有国有土地使用权证。

(3)具有地上建筑物、其他附着物合法的产权证明。

(4)签订土地使用权出让合同，向当地市、县人民政府补交土地使用权出让金。

(二)划拨国有土地使用权转移登记审核

划拨国有土地使用权补办出让手续的转移登记申请人为转让双方。

(1)对登记申请人进行审核，申请人应与不动产权证上的权利人和国有建设用地使用权出让合同上的受让方一致；另外，按照有关法律规定申请人应为公司、企业、其他经济组织和个人。

(2)对国有建设用地使用权出让合同进行审核，合同的出让方，依法为市、县人民政府自然资源行政主管部门，并且应当由市、县人民政府自然资源行政主管部门与受让方(申请人)签订。

(3)对使用期限的审核，出让国有土地使用权的最高使用期限应符合法律的有关规定，同时申请人应按出让合同约定缴纳出让金。

案例二

×市 A 公司于 2000 年 8 月 1 日以出让方式取得一宗 4 000 m^2 的国有土地使用权，批准用途为商业，使用期限为 36 年，于当年办理了土地登记。

现因债权债务关系，将这宗地的 1 500 m^2 转让给了 B 贸易有限公司，剩余部分全部转让给 C 房地产开发公司。

如何办理?

二、出让国有建设用地使用权转移登记

出让国有建设用地使用权必须符合下列条件：

(1)必须按国有建设用地使用权出让合同规定的期限和条件投资开发、利用土地，否则国有建设用地使用权不得转让。

(2)转让房地产时，应符合：

1)按照出让合同约定已经支付全部土地使用权出让金，并取得土地产权证书。

2)按照出让合同进行投资开发，属于房屋建设工程的，完成开发投资总额的 25%以上，属于成片开发土地的，形成工业用地或者其他建设用地条件。

3)转让房地产时房屋已经建成的，还应当持有房屋产权证书。

(3)国有建设用地使用权转让应当签订书面转让合同，国有建设用地使用权或房地产转让时，国有建设用地使用权出让合同和登记文件中所载明的权利、义务随之转移。

(4)国有建设用地使用权转让后，需要改变原出让合同规定用途的，应当征得出让方同意并经城市规划部门批准，依照有关规定重新签订国有建设用地使用权出让合同，调整土地使用权出让金，并办理登记。

(5)土地使用人通过转让方式取得的国有建设用地使用权，其实际使用的时长为国有建设用地使用权出让合同规定的使用年限减去原土地使用权人已使用年限后的剩余年限。

三、国有建设用地使用权转移登记办理要点

（一）申请主体

国有建设用地使用权转移登记应当由双方共同申请，转让方应当为原不动产登记簿记载的权利人。

（二）申请材料

（1）不动产登记申请书（原件 1 份）。

（2）申请人身份证明（查验原件）。

（3）不动产权属证书（原件 1 份）。

（4）国有建设用地使用权转移的材料，包括：

1）买卖的，提交买卖合同（原件 1 份）；互换的，提交互换合同（原件 1 份）；赠予的，提交赠予合同（原件 1 份）；

2）因继承、受遗赠取得的，申请人提交经公证的材料或者生效的法律文书（原件1 份）。

3）作价出资（入股）的，提交作价出资（入股）协议（原件 1 份）；

4）法人或其他组织合并、分立导致权属发生转移的，提交法人或其他组织合并、分立的材料以及不动产权属转移的材料（原件 1 份）；

5）共有人增加或者减少的，提交共有人增加或者减少的协议（原件 1 份）；共有份额变化的，提交份额转移协议（原件 1 份）；

6）分割、合并导致权属发生转移的，提交分割或合并协议书（原件 1 份），或者记载有关分割或合并内容的生效法律文书。实体分割或合并的，还应提交自然资源主管部门同意实体分割或合并的批准文件（原件 1 份）以及分割或合并后经管理部门审核通过的地籍调查表、宗地图、宗地界址点坐标等不动产地籍调查成果（原件 1 份）；

7）因人民法院、仲裁委员会的生效法律文书等导致权属发生变化的，提交人民法院、仲裁委员会的生效法律文书（原件 1 份）。

（5）申请划拨取得国有建设用地使用权转移登记的，应当提交有批准权的人民政府的批准文件（原件 1 份）。

（6）依法需要补交土地出让价款、缴纳税费的，应当提交缴清土地出让价款凭证、税费缴纳凭证（原件 1 份）。

（三）办理流程

办理流程为申请—受理—审核—登簿—发证。

（四）办理时限

材料齐全，自受理之日起 5 个工作日（各地时限有所不同）办结。

四、国有建设用地使用权及房屋所有权转移登记办理要点

（一）申请主体

国有建设用地使用权及房屋所有权转移登记应当由当事人双方共同申请。因人民法院、仲裁委员会的生效法律文书导致国有建设用地使用权及房屋所有权转移登记发生转移的可以由单方申请。

（二）申请材料

（1）不动产登记申请书（原件1份）。

（2）申请人身份证明（查验原件）。

（3）不动产权属证书（原件1份）。

（4）国有建设用地使用权及房屋所有权转移的材料，包括：

1）买卖的，提交买卖合同（原件1份）；互换的，提交互换协议（原件1份）；赠予的，提交赠予合同（原件1份）。

2）因继承、受遗赠取得的，申请人提交经公证的材料或者生效的法律文书（原件1份），按《不动产登记暂行条例》《不动产登记暂行条例实施细则》的相关规定办理登记。

3）作价出资（入股）的，提交作价出资（入股）协议（原件1份）。

4）法人或其他组织合并、分立导致权属发生转移的，提交法人或其他组织合并、分立的材料以及不动产权属转移的材料（原件1份）。

5）共有人增加或者减少的，提交共有人增加或者减少的协议（原件1份）；共有份额变化的，提交份额转移协议（原件1份）。

6）不动产分割、合并导致权属发生转移的，提交分割或合并协议书（原件1份），或者记载有关分割或合并内容的生效法律文书（原件1份）。实体分割或合并的，还应提交有权部门同意实体分割或合并的批准文件（原件1份），以及分割或合并后经管理部门审核通过的地籍调查表、宗地图、宗地界址点坐标等不动产地籍调查成果。

7）因人民法院、仲裁委员会的生效法律文书等导致权属发生变化的，提交人民法院、仲裁委员会的生效法律文书等材料（原件1份）；无法收回原证书的，在登记完成后对原证书进行公告作废。

（5）已经办理预告登记的，提交不动产登记证明（原件1份）。

（6）划拨国有建设用地使用权及房屋所有权转移的，还应当提交有批准权的人民政府的批准文件（原件1份）。

（7）依法需要补交土地出让价款、缴纳税费的，应当提交土地出让价款缴纳凭证（原件1份）、税费缴纳凭证（原件1份）。

（三）办理流程

办理流程为申请—受理—审核—登簿—发证。

（四）办理时限

材料齐全，自受理之日起 5 个工作日（各地时限有所不同）办结。

示例范本四

办理出让国有建设用地使用权转移登记

2019 年 1 月 15 日，云南 A 房地产开发有限公司与国土部门签订了《土地出让合同》，缴清了全部出让金和税费，取得位于×市××区曙光路 157 号、面积 13.75 亩的城镇住宅用地使用权（界址线内）。使用年限为 66 年（从签订合同的第三日起算），当月已进行土地登记，图号为 255.50-145.75，地号为 07-02-035（某市住宅用地Ⅳ级）。

2023 年 5 月 20 日，该宗地的土地开发投资已完成 30%，经批准，A 公司将该宗地中的 4 亩土地（图中阴影部分）分割出来转让给昆明 C 房屋置业有限公司。转让地块的地号为 07-02-086（该街区街坊中原有的地号最大为 07—02—085），门牌号为 168 号；未转让地块（图中空白部分）的门牌号为 167 号。

2023 年 5 月 25 日，A、C 公司申请各自的土地登记，自然资源部门于 5 月 28 日审批完毕，拟发不动产权证书。

备注：××区 2023 年颁发的上一本证书编号为 0000207（××区编码 530103）。

附 4：不动产权证书填写示例（表 5-5、表 5-6）

表 5-5　不动产权证书填写示例

云 （2023） ××区 不动产权第 0000208 号

权利人	昆明 C 房屋置业有限公司
共有情况	单独所有
坐落	×市××区曙光路 168 号
不动产单元号	530103 007002 GB00086 W00000000
权利类型	国有建设用地使用权
权利性质	出让
用途	城镇住宅用地
面积	2 666.67 m^2
使用期限	国有建设用地使用权 2019 年 01 月 17 日起 2085 年 01 月 16 日止
权利其他状况	/

表 5-6　不动产权证书填写示例

云 （2023） ××区 不动产权第 0000209 号

权利人	云南 A 房地产开发有限公司
共有情况	单独所有
坐落	×市××区曙光路 167 号
不动产单元号	530103 007002 GB00087 W00000000
权利类型	国有建设用地使用权
权利性质	出让

续表

用途	城镇住宅用地
面积	6 500.00 m²
使用期限	国有建设用地使用权 2019 年 01 月 17 日起 2085 年 01 月 16 日止
权利其他状况	/

转让地块示意如图 5-1 所示。

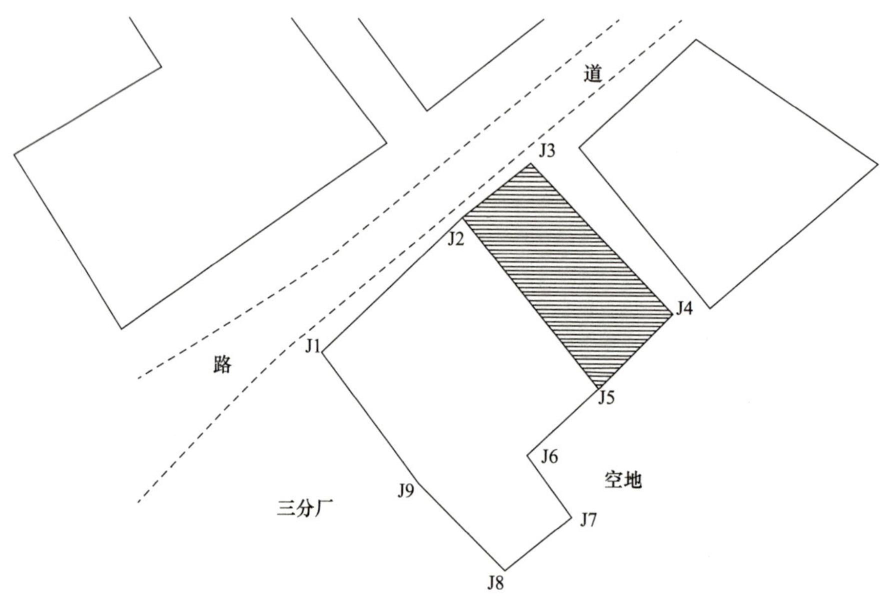

图 5-1　转让地块示意

示例范本五

办理出让国有建设用地使用权及房屋所有权转移登记

×市××区花园路(地籍区号 005)25 号(地籍子区号 026)银泰小区，由 A 房地产开发公司完成办理了首次登记，该商品房住宅小区宗地面积为 9 705 m^2，宗地顺序号为 00075，图号为 2250.00-625.00。土地出让合同于 2016 年 3 月 1 日签订，约定签订合同后的第五日取得土地使用权，出让年限 70 年。4 幢总层数为 24，房屋竣工时间为 2018 年 4 月 16 日，土地等级为某市住宅用地Ⅳ级。

2020 年 4 月，A 公司将 4 幢 1503 号住房卖给刘××，刘××在当月获得了不动产权证书。2023 年 6 月 2 日，刘××又把该不动产卖给李×。

房屋建筑面积为 150.5 m^2，其中套内建筑面积为 119.65 m^2，分摊建筑面积为 30.85 m^2，结构为钢混。李×分摊到的土地面积为 6.27 m^2。

经审核，符合不动产登记发证要求，请为李×登记发证。

备注：××区 2023 年颁发的上一本证书编号为 0000239(××区编码 530103)。

附 5：不动产权证书填写示例(表 5-7)

表 5-7　不动产权证书填写示例

云 (2023) ××区 不动产权第 0000240 号

权利人	李×
共有情况	单独所有
坐落	×市××区花园路 25 号银泰小区 4 幢 1503
不动产单元号	530103 005026 GB00075 F00041503
权利类型	国有建设用地使用权/房屋所有权
权利性质	出让/商品房
用途	城镇住宅用地/成套住宅
面积	分摊土地面积 6.27 m^2/房屋建筑面积 150.50 m^2
使用期限	国有建设用地使用权 2016 年 03 月 06 日起 2086 年 03 月 05 日止
权利其他状况	房屋结构：钢筋混凝土结构 专有建筑面积：119.65 m^2，分摊建筑面积：30.85 m^2 房屋总层数：24，所在层数：15 房屋竣工日期：2018 年 04 月 16 日

填写国有建设用地使用权及房屋所有权转移登记的不动产权证书

在任务一中，云南灵泉机械设备有限公司于 2023 年 1 月取得了不动产权证书。2023 年 7 月 12 日，该宗地已开发形成工业用地基本条件，云南灵泉机械设备有限公司将该不动产整体卖给了昆明新星机械装配有限公司，昆明新星机械装配有限公司现申请办证。

经审核，符合不动产登记发证要求，请为昆明新星机械装配有限公司登记发证，填写不动产权证书(表 5-8)。

备注：××区 2023 年颁发的上一本证书编号为 0000316(××区编码 530103)。

表 5-8　不动产权证书

权利人	
共有情况	
坐落	
不动产单元号	
权利类型	
权利性质	
用途	
面积	
使用期限	
权利其他状况	

任务三　国有建设用地使用权及房屋所有权变更登记

任务目标

办理国有建设用地使用权及房屋所有权变更登记。

任务导入

在任务二的示例范本五中，李×买到了×市××区花园路25号银泰小区4幢1503房产，并办理了不动产权证。2023年8月2日，李×更名为李××，并到户籍管理部门办理了更名手续。现申请不动产权证办理。如何办理？

知识链接

下列情形之一的，不动产权利人可以向不动产登记机构申请变更登记：

(1)权利人的姓名、名称、身份证明类型或者身份证明号码发生变更的。

(2)不动产的坐落、界址、用途、面积等状况变更的。

(3)不动产权利期限、来源等状况发生变化的。

(4)同一权利人分割或者合并不动产的。

案例一

张××于2010年7月11日以出让方式取得位于西街的一宗国有土地，批准用途为商业，土地面积为150.5 m^2，在2010年8月1日取得了该宗地的《国有土地使用证》。2023年8月21日，张××更名为张×，于8月25日到登记部门要求换发土地证书。

如何办理？

案例二

××区城乡居民最低生活保障管理局于2005年以划拨方式取得位于××省××市××区的一宗国有机关团体用地，土地面积为589 m^2，在2005年8月7日取得了该宗地的《国有土地使用证》。2023年8月5日，××区城乡居民最低生活保障管理局更名为××区社会救助局。

2023年8月15日，××区社会救助局到登记部门要求将原《国有土地使用证》“土地使用者”栏中的名字换为“××区社会救助局”。

如何办理？

一、名称变更登记

（一）概念

姓名或名称变更登记也称为更名登记，是指在不动产权属不发生转移的条件下，因不动产权利人姓名或名称的改变而进行的变更土地登记。

（1）这里的名称和姓名具有特定的内涵，与日常使用的“名称”或“姓名”含义不完全相同。日常使用的“名称”或“姓名”，是一种符号或称呼，只具有辨识和区别的作用，不一定有法律上的意义。名称变更登记中的名称或姓名，是指依法在主管部门完成登记，为法律认可的“名称”或“姓名”，具有法律意义。

（2）对自然人，其姓名一般为户籍登记的姓名，如户口簿或身份证上载录的姓名。

（3）对法人及其他组织，其名称一般要经市场监督行政管理部门或主管机关核准，并且只有一个。

（二）特征

由于不动产权利人是不动产权属的主体，不动产权利人的名称是确定和区分不动产权利归属的唯一标识。因此，当不动产权利人的姓名或名称实际发生变更时，不动产登记簿中该不动产权利人的姓名或名称也必须进行相应的变更。

案例三

魏××于 2015 年 6 月 2 日以出让方式取得位于×县城人民西路 75 号的一宗国有土地，批准用途为住宅，土地面积为 79.5 m^2，在 2015 年 6 月 8 日取得了该宗地的产权证。2023 年8 月 21 日，民政部门重新编排门牌号码，该宗地门牌号码新编为人民西路 82 号。魏××于 8 月 25 日到登记部门要求换发土地产权证书。

如何办理？

二、坐落变更登记

（一）概念

坐落变更登记是指因不动产坐落改变而进行的变更土地登记。

不动产坐落是不动产的具体地理位置，具体是指有关部门（如公安部门、民政部门）依法确定的地址，一般包括街道名称、门牌号等，如“昆明市呈贡区乌龙街道古滇路××号”。

随着时间的推移，伴着经济的发展、城乡的变化，不动产的坐落信息难免会发生改变，如道路名称变更、门牌号码变更等，这些情况都会导致不动产的坐落发生变更。

（二）特征

原登记的不动产坐落信息发生了变化，就需要及时对合法变更后的信息进行登记，以保证登记客体信息与客体实物一致。

案例四

A单位经土地管理部门批准，划拨使用510 m^2土地修建5层楼房，建筑总面积为2 550 m^2，土地用途为机关用地。

2012年，A单位将三至五层进行装修改造为宾馆，对外营业。A单位将其办公大楼部分改造成宾馆，其土地用途部分发生了改变，但一直未得到土地、规划等部门同意和市人民政府的批准。

2023年，A单位到登记部门申请土地变更登记。

如何办理？

三、用途变更登记

（一）概念

用途变更登记是指经批准不动产权利人依法变更土地用途或自然环境变化致使土地用途与原来不符而进行的变更土地登记。

目前，我国的土地用途变更登记主要有以下两种类型。

(1)国有土地的用途发生变更的土地用途变更登记。

(2)集体建设用地的用途发生变更的土地用途变更登记。

（二）土地用途变更的法律特征

(1)土地用途是实际利用方式的反映，也是土地状况的最重要特征之一。

(2)国家实行土地用途管制制度，依法改变土地用途的，必须持批准文件，向土地所在地的县级以上人民政府自然资源行政主管部门提出土地变更登记申请。

四、国有建设用地使用权变更登记办理要点

（一）申请主体

国有建设用地使用权变更登记的申请主体应当为不动产登记簿记载的权利人。共有的国有建设用地使用权，因共有人的姓名、名称发生变化的，可以由发生变化的权利人申请；因土地面积、用途等自然状况发生变化的，可以由共有人一人或多人申请。

（二）申请材料

(1)不动产登记申请书(原件1份)。

(2)申请人身份证明(查验原件)。

(3)不动产权属证书(原件1份)。

(4)国有建设用地使用权变更材料，包括以下几项：

1)权利人姓名或者名称、身份证明类型或者身份证明号码发生变化的，企业提交市场监督管理部门出具的变更登记情况表(原件 1 份)；行政事业单位提交主管部门的更名文件(原件 1 份)；个人提交已更名的户口簿(复印件 1 份)。

2)土地面积、界址范围变更的，除应提交变更后的经管理部门审核通过的地籍调查表、宗地图、宗地界址点坐标等不动产地籍调查成果外，还应提交：

①以出让方式取得的，提交出让补充合同(原件 1 份)；

②因自然灾害导致部分土地灭失的，提交证实土地灭失的材料(原件 1 份)。

3)土地用途变更的，提交规划部门意见、自然资源主管部门出具的批准文件和土地出让合同补充协议(原件 1 份)。依法需要补交土地出让价款的，还应当提交缴清土地出让价款的凭证(原件 1 份)。

4)国有建设用地使用权的权利期限发生变化的，提交自然资源主管部门出具的批准文件、出让合同补充协议(原件 1 份)。依法需要补交土地出让价款的，还应当提交缴清土地出让价款的凭证(原件 1 份)。

5)同一权利人分割或者合并国有建设用地的，提交自然资源主管部门同意分割或合并的批准文件(原件 1 份)以及变更后的经管理部门审核通过地籍调查表、宗地图以及宗地界址点坐标等不动产地籍调查成果(原件 1 份)。

6)共有人共有性质变更的，提交共有性质变更合同书或生效法律文书(原件 1 份)。夫妻共有财产共有性质变更的，还应提交婚姻关系证明(复印 1 份)。

7)不动产坐落信息发生变化的，提交管理部门出具的坐落信息变化证明(复印件1 份)。

(5)依法应当纳税的，应提交完税凭证(原件 1 份)。

(三)办理流程

办理流程为申请—受理—审核—登簿—发证。

(四)办理时限

材料齐全，自受理之日起 5 个工作日(各地时限有所不同)办结。

五、国有建设用地使用权及房屋所有权变更登记办理要点

(一)申请主体

国有建设用地使用权及房屋所有权变更登记的申请主体应当为不动产登记簿记载的权利人。因共有人的姓名、名称发生变化的，可以由发生变更的权利人申请；面积、用途等自然状况发生变化的，可以由共有人一人或多人申请。

(二)申请材料

(1)不动产登记申请书(原件 1 份)。

(2)申请人身份证明(查验原件)。

(3)不动产权属证书(原件1份)。

(4)国有建设用地使用权及房屋所有权变更的材料，包括以下几项：

1)权利人姓名或者名称、身份证明类型或者身份证明号码发生变化的，企业提交市场监督管理部门出具的变更登记情况表(原件1份)；行政事业单位提交主管部门的更名文件(原件1份)；个人提交已更名的户口簿(复印件1份)。

2)房屋面积、界址范围发生变化的，除应提交变更后经管理部门审核通过的地籍调查表、宗地图、宗地界址点坐标等不动产地籍调查成果(原件1份)外，还应提交：

①属部分土地收回引起房屋面积、界址变更的，提交人民政府收回决定书(原件1份)。

②改建、扩建引起房屋面积、界址变更的，提交规划验收文件和房屋竣工验收文件(原件1份)。

③因自然灾害导致部分房屋灭失的，提交部分房屋灭失的材料(原件1份)。

④其他面积、界址变更情形的，提交有权机关出具的批准文件(原件1份)。依法需要补交土地出让价款的，还应当提交土地出让合同补充协议和土地价款缴纳凭证(原件1份)。

3)用途发生变化的，提交城市规划部门出具的批准文件(原件1份)、与自然资源主管部门签订的土地出让合同补充协议(原件1份)。依法需要补交土地出让价款的，还应当提交土地价款以及相关税费缴纳凭证(原件1份)。

4)国有建设用地使用权的权利期限发生变化的，提交自然资源主管部门出具的批准文件和出让合同补充协议(原件1份)。依法需要补交土地出让价款的，还应当提交土地价款缴纳凭证(原件1份)。

5)同一权利人分割或者合并不动产的，应当按有关规定提交相关部门同意分割或合并的批准文件(原件1份)。

6)共有性质变更的，提交共有性质变更协议书或生效法律文书(原件1份)。

7)坐落信息发生变化的，提交管理部门出具的坐落信息变化证明(复印件1份)。

(三)办理流程

办理流程为申请—受理—审核—登簿—发证。

(四)办理时限

材料齐全，自受理之日起5个工作日(各地时限有所不同)办结。

示例范本六

办理出让国有建设用地使用权变更登记

2023年5月20日，昆明C房屋置业有限公司取得A公司转让的07-02-086号地块，门牌号为168号，当月已办理不动产转移登记。7月15日，C公司企业架构不变，整体更名为云南F房地产开发经营有限公司，现申请变更登记。

备注：××区2023年颁发的上一本证书编号为0000337(××区编码530103)。

附 6：不动产权证书填写示例(表 5-9)

表 5-9　不动产权证书填写示例

云 (2023) ××区 不动产权第 0000338 号

权利人	云南 F 房地产开发经营有限公司
共有情况	单独所有
坐落	×市××区曙光路 168 号
不动产单元号	530103 007002 GB00086 W00000000
权利类型	国有建设用地使用权
权利性质	出让
用途	城镇住宅用地
面积	2 666.67 m^2
使用期限	国有建设用地使用权 2019 年 01 月 17 日起 2085 年 01 月 16 日止
权利其他状况	/

任务实施

填写国有建设用地使用权及房屋所有权变更登记的不动产权证书

在任务二中，李×买到了×市××区花园路 25 号银泰小区 4 幢 1503 房产，并办理了不动产权证。2023 年 8 月 2 日，李×更名为李××，并到户籍管理部门办理了更名手续。现申请不动产权证办理。

经审核，符合不动产登记发证要求，请为李××登记发证，填写不动产权证书(表 5-10)。

备注：××区 2023 年颁发的上一本证书编号为 0000392(××区编码 530103)。

表 5-10　不动产权证书

______(　　)______不动产权第______号

权利人	
共有情况	
坐落	
不动产单元号	
权利类型	
权利性质	
用途	
面积	
使用期限	
权利其他状况	

任务四 集体土地所有权登记

办理集体土地所有权登记。

任务导入

×县(530325)第5地籍区第3地籍子区沙湾镇湾沟村第一村民小组集体所有权土地，权利人现申请所有权宗地登记，如何办理?

案例

×村民小组成员张××、李××、王×等10人联名×县不动产登记部门，反映这10人从1966年便开始使用位于东山坡西侧的3.33 hm^2 农用地至今，现10人联名申请土地所有权。

能否办理?

一、集体土地所有权

(一)基本概念

(1)集体土地所有权是指农民集体在法律规定的范围内占有、使用、收益、处分自己所有土地的权利。

(2)集体土地所有权是我国社会主义土地公有制的另一种形式。农村和城市郊区的土地除由法律规定属于国家所有的外，属于集体所有。

(3)宅基地和自留地、自留山，也属于集体所有。

(4)除土地外，森林、山岭、草原、荒地、滩涂等自然资源，根据法律规定，也可以属于集体所有。

(二)特征

(1)集体土地所有权主体根据《民法典》中物权编规定："对于集体所有的土地和森林、

山岭、草原、荒地、滩涂等，依照下列规定行使所有权：属于村农民集体所有的，由村集体经济组织或者村民委员会依法代表集体行使所有权；分别属于村内两个以上农民集体所有的，由村内各该集体经济组织或者村民小组依法代表集体行使所有权；属于乡镇农民集体所有的，由乡镇集体经济组织代表集体行使所有权。”集体土地所有权主体有乡镇农民集体、村农民集体和村内农民集体所有三种，属于不同主体所有的土地由不同的集体经济组织经营管理。

1)“村”是指行政村，即设立村民委员会的村，而非自然村。该行政村的集体土地由该行政村的集体经济组织来代表行使所有权。

2)在许多农村没有村集体经济组织或该集体经济组织已不健全，难以履行集体所有土地的经营、管理等行使所有权权利的情况下，需要由行使自治权的村民委员会代表行使集体所有权。

3)“分别属于村内两个以上农民集体所有”主要是指该农民集体所有的土地在改革开放前，就分别属于两个以上生产队的该农村集体经济组织所有，或者村民小组的农民集体所有。

4)根据村民委员会组织法的规定，村民委员会可以根据居住地区划分若干村民小组。如果村内有集体经济组织的，由村内的集体经济组织行使所有权；如果没有村内的集体经济组织，则由村民小组来行使所有权。

5)乡镇农民集体的情况包括：一是指改革开放前，原来以人民公社为核算单位的土地，在公社改为乡镇后仍然属于乡镇农民集体所有；二是在人民公社时期，公社一级掌握的集体所有的土地仍然属于乡镇农民集体所有。上述两种情况下，由乡镇集体经济组织来行使所有权。

6)“行使所有权”的含义是对集体土地享有占有、使用、收益和处分的权利。例如，对集体所有的土地进行发包，分配宅基地等。

7)农村集体经济组织、村民委员会和村民小组不是集体土地的所有人，只是依法代表集体行使所有权，并且向所属集体负责，接受其监督。

(2)国家为了公共利益的需要，依照法律规定的权限和程序可以征收集体土地。

1)在我国不得买卖土地所有权。但国家进行经济、文化、国防建设及兴办社会公益事业，依照法律规定的权限和程序可以征收集体土地。

2)凡符合国家有关规定征收土地的，被征地集体不得妨碍或阻挠。征收的主体是国家，通常由政府部门具体执行。

3)农民集体所有的土地在依法办理了土地征收手续后，即成为国有土地。农民集体不能再对国家已经依法征收的土地主张所有权。

二、集体土地所有权首次登记办理要点

(一)申请主体

集体土地所有权首次登记的申请主体应当为村内农民集体、村农民集体、乡镇农民集体。

(二)申请材料

(1)不动产登记申请表(原件)。
(2)申请人身份证明(原件核验)。
(3)集体土地所有权来源及相关证明材料(原件):
1)土地改革时颁发的土地所有证。
2)人民政府和有关部门批准文件。
3)权属界线协议书。
4)其他证明材料。
(4)地籍调查表、宗地图及宗地界址坐标(原件)。
(5)法律、行政法规及《不动产登记暂行条例实施细则》规定的材料(提交复印件，原件核验)。

(三)办理流程

办理流程为申请—受理—审核—登簿—发证。

(四)办理时限

材料齐全，自受理之日起 5 个工作日(各地时限有所不同)办结。

示例范本七

办理集体土地所有权登记

×市××县竹山镇 A 村 C 村民小组在竹山镇石包山村拥有一块集体土地所有权宗地，现状为空闲地，面积为 0.23 hm^2，东、南邻 F 村委会 D 村民小组，其余邻 B 县的国有 E 林场。地籍区号为 010，地籍子区号为 005，所有权宗地顺序号为 00009。

C 村民小组现申请土地登记，请给其注册登记并颁发证书。

备注：××县 2023 年颁发的上一本证书编号为 0000017(××县编码 530129)。

附 7：不动产权证书填写示例(表 5-11)

表 5-11 不动产权证书示例

云 (2023) ××县 不动产权第 0000018 号

权利人	××县竹山镇 A 村 C 村民小组农民集体
共有情况	单独所有
坐落	××县竹山镇石包山村
不动产单元号	530129 010005 JA00009 W00000000
权利类型	集体土地所有权
权利性质	/

续表

用途	空闲地
面积	2 300.00 m^2
使用期限	/
权利其他状况	/

填写集体土地所有权登记的不动产权证书

××县第 5 地籍区第 3 地籍子区沙湾镇湾沟村第一村民小组集体所有权土地，该宗地面积为 55 hm^2，其中耕地 16 hm^2，园地 10 hm^2，林地 2.33 hm^2，农村宅基地2 hm^2，其余为未利用地。该所有权宗地的顺序号为 00008。

该村民小组现申请土地所有权登记，请填写不动产权证书(表 5-12)。

备注：××县 2023 年颁发的上一本证书编号为 0000025(××县编码 530325)。

表 5-12　不动产权证书

________(　　)________不动产权第________号

权利人	
共有情况	
坐落	
不动产单元号	
权利类型	
权利性质	
用途	
面积	
使用期限	
权利其他状况	

任务五　宅基地使用权及房屋所有权登记

办理宅基地使用权及房屋所有权登记。

任务导入

2022 年 6 月，×县沙湾镇湾沟村第一村民小组村民刘××，使用位于红星路 45 号的集体所有的 145.64 m^2 土地用于自家宅基地建设，2023 年 7 月，地上房屋建成竣工。

2023 年 11 月，村民刘××申请不动产办证，如何办理？

一、宅基地使用权

依法取得宅基地使用权，可以单独申请宅基地使用权登记。依法利用宅基地建造住房及其附属设施的，可以申请宅基地使用权及房屋所有权登记。

(一)基本概念

宅基地使用权是宅基地使用权人依法对集体所有的土地享有占有和使用的权利，有权依法利用该土地建造住宅及其附属设施。宅基地使用权是一种带有社会福利性质的权利，是农民基于集体成员身份而享有的福利保障，由作为集体成员的农民无偿取得、无偿使用。

(二)特征

(1)宅基地使用权的主体一般要求为农村集体经济组织内部成员。

(2)宅基地使用权应依法按标准严格审批：

1)农村村民一户只能拥有一处宅基地，宅基地的面积不得超过省、自治区、直辖市规定的标准。

2)农村村民建造住宅应当尽量使用原有的宅基地和村内空闲地；农村村民出卖、出租住房后，再申请宅基地的，不予批准。

3)非农业户口居民(含华侨)原在农村的宅基地，房屋产权没有变化的，可依法确定其集体土地建设用地使用权。

4)房屋拆除后没有批准重建的，土地使用权由集体收回。

5)接受转让、购买房屋取得的宅基地，与原有宅基地合计面积超过当地政府规定标准，按照有关规定处理后允许继续使用的，可暂确定其集体土地建设用地使用权。继承房屋取得的宅基地，可确定集体土地建设用地使用权。

(3)宅基地使用权不得出让、转让或者出租用于非农建设。

二、宅基地使用权及房屋所有权登记受理要件

(一)申请材料

(1)申请宅基地使用权及房屋所有权首次登记提交材料。

1)申请人身份证和户口簿。

2)不动产权属证书或者有批准权的人民政府批准用地的文件等权属来源材料。

3)房屋符合规划或者建设的相关材料。

4)地籍调查表、宗地图、房屋平面图及宗地界址点坐标等有关不动产界址、面积等材料。

5)其他必要材料。

(2)因依法继承、分家析产、集体经济组织内部互换房屋等导致宅基地使用权及房屋所有权发生转移申请登记提交材料。

1)不动产权属证书或者其他权属来源材料。

2)依法继承的材料。

3)分家析产的协议或者材料。

4)集体经济组织内部互换房屋的协议。

5)其他必要材料。

(二)办理流程

办理流程为申请—受理—审核—登簿—发证。

(三)办理时限

材料齐全，自受理之日起5个工作日(各地时限有所不同)办结。

案例一

某村小组成员李×的父母生前在该村有一处宅基地并建有房屋。后因房屋受损，李×拆了房屋拟重建，李×作为父母的唯一继承人就宅基地使用权申请继承登记。

如何办理?

案例二

某村民张××看到亲戚王×一家人的住房破败不堪，就把自己在村里的住房A(已登记给张××)低价卖给了王某一家人居住，张××一家搬到了叔叔宋×的宅基地C(未登记)中居住。现张××申请宅基地C登记。

如何办理?

示例范本八

办理宅基地使用权登记

×市××县竹山镇A村C村民小组在竹山镇石包山村拥有一宗集体土地所有权，地籍区号为010，地籍子区号为005，所有权宗地顺序号为00009。一家庭经批准合法取得一宗宅基地，宅基地的宗地号为146。该家庭成员为赵×(父)、李×(母)、赵××(长子)、赵××(次子)，户主李×。

宗地面积为140 m²，地上无定着物，土地无等级。图号为1850.00-685.75。门牌号为石包山村25号。

2023年5月6日，该家庭申请不动产登记。经审核，该不动产符合登记发证要求，当年发证。

该县(530129)2023年颁发的上一本证书编号为157。

附8：不动产权证书填写示例(表5-13)

表5-13 不动产权证书填写示例

云 (2023) ××县 不动产权第0000158号

权利人	李×
共有情况	共同共有
坐落	××县竹山镇石包山村25号
不动产单元号	530129 010005 JC00146 W00000000
权利类型	宅基地使用权
权利性质	批准拨用
用途	农村宅基地
面积	140.00 m²
使用期限	/
权利其他状况	该户成员赵×(父)、赵××(长子)、赵××(次子)

示例范本九

办理宅基地使用权和房屋所有权登记

×省××市X县D镇(地籍区号012)双河村36号(地籍子区号007)村民付××家庭经批准合法取得的宅基地，宗地面积为135.1 m²，宗地顺序号00343。该家庭成员为付××、赵××、付×。

房屋建筑面积为206.6 m²，结构为钢混，层数2层，房屋竣工时间为2023年5月16日，土地等级无。

2023年5月22日，该家庭申请不动产登记。经审核，该宗地及地上房屋符合不动产登记发证要求，当年发证。

该县(530328)2023年颁发的上一本证书编号为0000291。

附9：不动产权证书填写示例(表5-14)

表 5-14　不动产权证书填写示例

云（2023）×县 不动产权第 0000292 号

权利人	付××
共有情况	共同共有
坐落	××市 X 县 D 镇双河村 36 号
不动产单元号	530328 012007 JC00343 F00010001
权利类型	宅基地使用权/房屋所有权
权利性质	批准拨用/自建房
用途	农村宅基地/住宅
面积	土地面积 135.10 m^2/房屋建筑面积 206.60 m^2
使用期限	/
权利其他状况	该户成员赵××、付×（子） 房屋结构：钢筋混凝土结构 房屋专有建筑面积 206.60 m^2 房屋层数：2 层 房屋竣工日期：2023 年 05 月 16 日

任务实施

填写宅基地使用权和房屋所有权登记的不动产权证书

×县(530325)第 5 地籍区第 3 地籍子区沙湾镇湾沟村第一村民小组集体所有权土地中，使用权宗地顺序号为 145 的地块为农村宅基地，且该处宅基地上建有 1 栋住房，产权人为刘××，该户还有成员王××(丈夫)、王×(长子)、王×(次子)。用地面积为 145.64 m^2，房屋建筑面积为 131.10 m^2，结构为钢混，层数为 2 层，房屋竣工时间为 2023 年 7 月 19 日，土地等级无。

2023 年 11 月 22 日，该家庭申请不动产登记。经审核，该宗地及地上房屋符合不动产登记发证要求。请为其填写不动产权证书(表 5-15)。

该县 2023 年颁发的上一本证书编号为 0000384。

表 5-15　不动产权证书

________（　　）________不动产权第________号

权利人	
共有情况	
坐落	
不动产单元号	
权利类型	
权利性质	

续表

用途	
面积	
使用期限	
权利其他状况	

任务六　抵押登记

任务目标

办理不动产抵押权登记。

任务导入

在任务三中，李××于2023年8月办理到了新的不动产权证。现拟用该不动产做抵押向×银行×市明珠路支行贷款200万元，双方共同申请抵押登记，如何办理？

知识链接

一、抵押登记对象

不动产抵押是指抵押人将其合法的不动产以不转移占有的方式向抵押权人提供债务履行担保的行为。债务人不履行债务时，债权人有权依法以抵押的不动产拍卖所得的价款优先受偿。

对下列财产进行抵押的，可以申请办理不动产抵押权登记：

(1)建设用地使用权。

(2)建筑物和其他土地附着物。

(3)海域使用权。

(4)以招标、拍卖、公开协商等方式取得的荒地等土地承包经营权。

(5)正在建造的建筑物。

(6)法律、行政法规未禁止抵押的其他不动产。

以建设用地使用权、海域使用权抵押的，该土地、海域上的建筑物、构筑物一并抵押；以建筑物、构筑物抵押的，该建筑物、构筑物占用范围内的建设用地使用权、海域使用权一并抵押。

案例一

×局下属一国有企业(企业用地为出让方式取得)，因经营不善，濒临破产，为了缓解困境，该企业与甲单位签订了借款合同，以企业5亩土地的使用权作抵押，向甲单位借款150万元，并约定借款期限一年，到期不能还款，抵押的5亩土地的使用权即归甲单位，并通过公证机关办理了抵押合同公证。一年后，该企业根本无力偿还借款，甲单位诉诸法院，要求依合同将抵押土地使用权判归甲单位。

案例二

×市物资公司在1998年取得一宗划拨商业用地的土地使用权，土地证号为“×市国有(1998)字第307号”，具体由王×经办。

2010年，该公司改制为“×市物资有限公司”。

2022年，这个公司与信用社谈妥用土地做抵押向信用社贷款。王×代表公司持“×市国有(1998)字第307号”《国有土地使用证》与银行人员到登记部门申请抵押登记。

如何办理?

二、抵押权

(一)基本概念

(1)土地抵押权首次登记是对已登记过国有建设用地使用权或集体土地使用权宗地上新设立的抵押权进行的土地登记。

(2)土地抵押是指为担保债务的履行，债务人或者第三人不转移土地使用权的占有，将该土地使用权抵押给债权人，债务人不履行到期债务或者发生当事人约定的实现抵押权的情形，债权人有权就该土地使用权优先受偿的权利。

(3)抵押法律关系的当事人是抵押人和抵押权人，客体为抵押的土地使用权。抵押人是指为担保债的履行而提供抵押土地使用权的债务人或者第三人。抵押权人是指接受抵押担保的债权人。

(二)土地抵押权的法律特征

(1)土地抵押权是担保物权。

1)土地抵押权是以抵押的土地使用权作为债权的担保，抵押权人对抵押的土地使用权有控制、支配的权利。

2)控制权表现在土地使用权设定抵押后，抵押人未经抵押权人同意，不得处分抵押的土地使用权。

3)支配权表现为抵押权人在抵押的土地使用权担保的债权已届清偿期而未受清偿，或者发生当事人约定的实现抵押权的情形时，有权依照法律规定，以抵押的土地使用权折价

或者以拍卖、变卖抵押的土地使用权的价款优先受偿。

(2)土地使用权抵押权是债务人或者第三人以其所有的或者有处分权的土地使用权设定的物权作为抵押客体的土地使用权，必须是债务人或者第三人以其所有的或者依法有处分权的，对自己无所有权或者无处分权的土地使用权不得设定抵押权。

(3)土地使用权抵押权是不转移土地使用权占有的物权。土地使用权设定抵押后，抵押人不必将抵押的土地使用权转移于抵押权人，抵押人仍享有对该抵押土地使用权的占有、使用和收益的权利。

只有在债务不能履行时，抵押权人才能依照法定程序处分抵押的土地使用权，此时土地使用权才发生转移。

(4)抵押权人有权就抵押的土地使用权卖得价金优先受偿。

1)优先受偿性是抵押权的最主要效力。优先受偿是在债务人到期不清偿债务或者出现当事人约定的实现抵押权的情形时，债权人可以对抵押的土地使用权进行折价或者拍卖、变卖，以所得的价款优先实现自己的债权。

2)抵押权的优先受偿性主要体现在两个方面：一方面是当债务人有多个债权人，其财产不足清偿全部债权时，有抵押权的债权人优先于其他普通债权人而受到清偿；另一方面是有可能优先于其他抵押权，如后顺位的抵押权。

3)如设立房地产抵押权的土地使用权是以划拨方式取得的，依法拍卖该房地产后，受让人应当依法与土地所在地的自然资源行政主管部门签订国有建设用地使用权出让合同，从拍卖价款中缴纳土地使用权出让金后，抵押权人方可优先受偿。

(5)土地使用权的抵押权设定范围受限制。未办理土地使用权登记而抵押土地的，不得办理抵押登记。

1)可以用于抵押的土地使用权有以下几项：

①抵押人依法有权处分的国有建设用地使用权。

②经市、县人民政府自然资源行政主管部门和房产管理部门批准，并符合下列条件的划拨国有建设用地使用权：

a. 土地使用权人为公司、企业、其他经济组织和个人。

b. 领有国有土地使用证。

c. 具有合法的地上建筑物、其他附着物产权证明。

d. 依照规定签订国有建设用地使用权出让合同，向当地市、县人民政府补交土地使用权出让金或者以抵押所获收益抵交土地使用权出让金。

③抵押人依法承包并经发包方同意抵押的“四荒”土地使用权。

④以乡镇、村企业的厂房等建筑物抵押的，其占用范围内的土地使用权同时抵押。

2)不得设定抵押权的财产有以下几项：

①土地所有权。

②耕地、宅基地、自留地、自留山等集体所有的土地使用权。

③学校、幼儿园、医院等以公益为目的的事业单位、社会团体的教育设施、医疗卫生设施和其他社会公益设施。

④所有权、使用权不明或者有争议的财产。

⑤依法查封、扣押、监管的财产。

⑥法律、行政法规规定不得抵押的财产。

(6)房地产抵押应当以书面形式订立抵押合同。订立抵押合同是抵押权设立的必备要件。抵押合同主要包括以下内容：

1)被担保债权的种类、数额。

2)债务人履行债务的期限。

3)抵押财产的名称、数量、质量、状况、所在地，所有权或者使用权归属。

4)担保的范围。

(7)土地抵押应当办理抵押登记，未经登记的抵押权不发生法律效力。

1)以同一宗地的土地使用权向同一债权人或者不同债权人多次抵押的，抵押人所担保的债权不可以超出其抵押的土地使用权的价值。

2)抵押权实现时，拍卖、变卖该宗土地使用权所得价款，按照抵押权登记的先后顺序清偿。

3)确定土地使用权抵押权登记的先后，以登记部门登记簿中记载的登记时间为准。作为第一顺序抵押登记的被担保债权，就拍卖、变卖该宗土地使用权所得价款优先受偿；处于第二顺序的，只能就剩余的部分受偿，以此类推。

4)如果抵押权登记的时间相同，也就是抵押权登记的顺序相同，则按照各担保债权的比例清偿。所占比例大的，多受清偿。

(三)房屋抵押

房地产抵押关系遵循“地随房走”或“房随地走”原则。

(1)建设用地使用权抵押后，该土地上新增的建筑物不属于抵押财产。

(2)建设用地使用权实现抵押权时，应当将该土地上新增的建筑物与建设用地使用权一并处分，但新增建筑物所得的价款，抵押权人无权优先受偿。

(3)乡镇、村企业建设用地使用权不得单独抵押。以乡镇、村企业的厂房等建筑物抵押的，其占用范围内的建设用地使用权一并抵押。实现抵押权后，未经法定程序不得改变土地所有权性质和土地用途。

三、抵押权登记办理要点

(一)申请主体

抵押权首次登记应当由抵押人和抵押权人共同申请。

(二)申请材料

(1)不动产登记申请书(原件1份)。

(2)申请人身份证明(查验原件)。

(3)不动产权属证书(原件1份)。

(4)主债权合同。最高额抵押的，应当提交一定期间内将要连续发生债权的合同或者其他登记原因文件等必要材料(原件 1 份)。

(5)抵押合同。主债权合同中包含抵押条款的，可以不提交单独的抵押合同书。最高额抵押的，应当提交最高额抵押合同(原件 1 份)。

(6)下列情形还应当提交以下材料：

1)同意将最高额抵押权设立前已经存在的债权转入最高额抵押担保的债权范围的，应当提交已存在债权的合同以及当事人同意将该债权纳入最高额抵押权担保范围的书面材料(原件 1 份)。

2)在建建筑物抵押的，应当提交建设工程规划许可证(原件 1 份)。

(三)办理流程

办理流程为申请—受理—实地查看(在建建筑物抵押)—审核—登簿—发证。

(四)办理时限

材料齐全，自受理之日起 5 个工作日(各地时限有所不同)办结。

示例范本十

办理抵押权登记

在任务二的示例范本四中，云南 A 房地产开发有限公司于 2023 年取得了云(2023)××区不动产权第 0000209 号《不动产权证》。

A 公司现因资金短缺，拟用该宗地的土地使用权做抵押向×银行×市明珠路支行贷款 6 300万元，该宗地的土地使用权价格经评估为 7 200 万元。

现 A 公司和银行于 2023 年 9 月 1 日签订借款合同，借款期限为 2023 年 9 月 1 日至 2024 年 8 月 31 日，并于 2023 年 9 月 2 日共同申请抵押登记，登记部门在 9 月 3 日办理了抵押登记。

备注：地上无定着物，××区编码 530103。

附 10：不动产登记证明填写示例(表 5-16)

表 5-16　不动产登记证明填写示例

__云__(2023)__××区__不动产证明第 0000101 号

证明权利或事项	抵押权
权利人(申请人)	×银行×市明珠路支行
义务人	云南 A 房地产开发有限公司
坐落	×市××区曙光路 167 号
不动产单元号	530103 007002 GB00087 W00000000
其他	(1)不动产权证号码：__云__(2023)__××区__不动产权第 0000209 号 (2)抵押权种类：一般抵押 (3)担保债权的数额：6 300 万元

续表

证明权利或事项	抵押权
附记	债务履行期限：一年(2023 年 09 月 01 日至 2024 年 08 月 31 日) 抵押范围：全部抵押的土地使用权

填写抵押权登记的不动产登记证明

在任务三中，李××于 2023 年 8 月办理到了新的不动产权证。现拟用该不动产做抵押向×银行×市明珠路支行贷款 200 万元，该不动产价格经评估为 260 万元。

银行和李××于 2023 年 9 月 5 日签订借款合同，借款期限为 2023 年 9 月 5 日至 2024 年 9 月 4 日，并于 2023 年 9 月 6 日共同申请抵押登记。登记部门在 9 月 7 日办理了抵押登记，请填写不动产登记证明(表 5-17)。

备注：××区(530103)2023 年颁发的上一本登记证明编号为 0000101。

表 5-17　不动产登记证明

________(　　)________不动产证明第__________号

证明权利或事项	
权利人(申请人)	
义务人	
坐落	
不动产单元号	
其他	
附记	

任务七　注销登记

任务目标

办理不动产注销登记。

在任务二中的昆明新星机械装配有限公司后因经营不善，企业注销，法人解散，其位

于×市××区灵泉街道光明路243号的工业用地，无其他权利人承续使用。其所持有的不动产权证书需要如何处理？

一、注销登记原因

(1)不动产灭失的。

(2)权利人放弃不动产权利的。

(3)不动产被依法没收、征收或者收回的。

(4)人民法院、仲裁委员会的生效法律文书导致不动产权利消灭的。

(5)法律、行政法规规定的其他情形。

不动产上已经设立抵押权、地役权或者已经办理预告登记，所有权人、使用权人因放弃权利申请注销登记的，申请人应当提供抵押权人、地役权人、预告登记权利人同意的书面材料。

二、集体土地所有权注销登记

申请集体土地所有权注销登记的，应当提交下列材料：

(1)不动产权属证书。

(2)集体土地所有权变更、消灭的材料。

(3)其他必要材料。

三、集体建设用地使用权及建筑物、构筑物所有权注销登记

集体建设用地使用权及建筑物、构筑物所有权注销登记的，申请人应当根据不同情况，提交下列材料：

(1)不动产权属证书。

(2)集体建设用地使用权及建筑物、构筑物所有权变更、转移、消灭的材料。

(3)其他必要材料。

因企业兼并、破产等原因致使集体建设用地使用权及建筑物、构筑物所有权发生转移的，申请人应当持相关协议及有关部门的批准文件等相关材料，申请不动产转移登记。

四、国有建设用地使用权及房屋所有权注销登记

(一)适用

已经登记的国有建设用地使用权及房屋所有权，因不动产灭失的；权利人放弃权利的；因依法被没收、征收、收回导致不动产权利消灭的；因人民法院、仲裁委员会的生效法律文书致使国有建设用地使用权及房屋所有权消灭的；法律、行政法规规定的其他情形，当

事人可以申请办理注销登记。

(二)申请主体

申请国有建设用地使用权及房屋所有权注销登记的主体应当是不动产登记簿记载的权利人或者其他依法享有不动产权利的权利人。

(三)申请材料

(1)不动产登记申请书(原件 1 份)。

(2)申请人身份证明(查验原件)。

(3)不动产权属证书(原件 1 份)。

(4)国有建设用地使用权及房屋所有权消灭的材料，包括以下几项：

1)不动产灭失的，提交其灭失的材料(原件 1 份)。

2)权利人放弃国有建设用地使用权及房屋所有权的，提交权利人放弃权利的书面文件(原件 1 份)。设有抵押权、地役权或已经办理预告登记、查封登记的，需提交抵押权人、地役权人、预告登记权利人、查封机关同意注销的书面材料(原件 1 份)。

3)依法没收、征收、收回不动产的，提交人民政府生效决定书(原件 1 份)。

4)因人民法院或者仲裁委员会生效法律文书导致国有建设用地使用权及房屋所有权消灭的，提交人民法院或者仲裁委员会生效法律文书(原件 1 份)。

(四)办理流程

办理流程为申请—受理—实地查看(不动产灭失)—审核—登簿。

(五)办理时限

材料齐全，自受理之日起 3 个工作日(各地时限有所不同)办结。

五、抵押权注销登记

有下列情形之一的，当事人可以持不动产登记证明、抵押权消灭的材料等必要材料，申请抵押权注销登记：

(1)主债权消灭。

(2)抵押权已经实现。

(3)抵押权人放弃抵押权。

(4)法律、行政法规规定抵押权消灭的其他情形。

注销不动产权证书

在任务二中的昆明新星机械装配有限公司后因经营不善，企业注销，法人解散，其位于×市××区灵泉街道光明路243号的工业用地，无其他权利人承续使用。请对其原先所持有的不动产权证书办理注销登记。

任务八　其他登记

任务目标

(1)了解更正登记；
(2)了解异议登记；
(3)了解预告登记；
(4)了解查封登记；
(5)了解集体经营性建设用地登记；
(6)了解证书破损或遗失办理。

任务导入

在任务三中的李××在×市××区花园路25号银泰小区4幢1503房产，在2023年8月办理了不动产权证。李××后来遗失了证书，现申请补办，如何办理？

知识链接

一、更正登记

(一)基本概念

权利人、利害关系人认为不动产登记簿记载的事项有错误，可以申请更正登记。

权利人申请更正登记的，应当提交下列材料：

(1)不动产权属证书。

(2)证实登记确有错误的材料。

(3)其他必要材料。

利害关系人申请更正登记的，应当提交利害关系材料、证实不动产登记簿记载错误的材料以及其他必要材料。

不动产权利人或者利害关系人申请更正登记，不动产登记机构认为不动产登记簿记载确有错误的，应当予以更正；但在错误登记之后已经办理了涉及不动产权利处分的登记、预告登记和查封登记的除外。

不动产权属证书或者不动产登记证明填写错误以及不动产登记机构在办理更正登记中，需要更正不动产权属证书或者不动产登记证明内容的，应当书面通知权利人换发，并把换发不动产权属证书或者不动产登记证明的事项记载于登记簿。

不动产登记簿记载无误的，不动产登记机构不予更正，并书面通知申请人。

不动产登记机构发现不动产登记簿记载的事项错误，应当通知当事人在 30 个工作日内办理更正登记。当事人逾期不办理的，不动产登记机构应当在公告 15 个工作日后，依法予以更正；但在错误登记之后已经办理了涉及不动产权利处分的登记、预告登记和查封登记的除外。

(二)更正登记申请受理

1. 申请主体

申请更正登记的申请人应当是不动产的权利人或利害关系人。利害关系人应当与申请更正的不动产登记簿记载的事项存在利害关系。

2. 申请材料

(1)不动产登记申请书(原件 1 份)。

(2)申请人身份证明(查验原件)。

(3)证实不动产登记簿记载事项错误的材料(原件 1 份)，但不动产登记机构书面通知相关权利人申请更正登记的除外。

(4)申请人为不动产权利人的，提交不动产权属证书(原件 1 份)；申请人为利害关系人的，证实与不动产登记簿记载的不动产权利存在利害关系的材料(原件 1 份)。

3. 办理流程

办理流程为申请—受理—审核—登簿—发证。

4. 办理时限

材料齐全，自受理之日起 5 个工作日(各地时限有所不同)办结。

二、异议登记

(一)基本概念

利害关系人认为不动产登记簿记载的事项错误，权利人不同意更正的，利害关系人可以申请异议登记。

利害关系人申请异议登记的，应当提交下列材料：

(1)证实对登记的不动产权利有利害关系的材料。

(2)证实不动产登记簿记载的事项错误的材料。

(3)其他必要材料。

不动产登记机构受理异议登记申请的，应当将异议事项记载于不动产登记簿，并向申请人出具异议登记证明。

异议登记申请人应当在异议登记之日起 15 日内，提交人民法院受理通知书、仲裁委员会受理通知书等提起诉讼、申请仲裁的材料；逾期不提交的，异议登记失效。

异议登记失效后，申请人就同一事项以同一理由再次申请异议登记的，不动产登记机构不予受理。

异议登记期间，不动产登记簿上记载的权利人及第三人因处分权利申请登记的，不动产登记机构应当书面告知申请人该权利已经存在异议登记的有关事项。申请人申请继续办理的，应当予以办理，但申请人应当提供知悉异议登记存在并自担风险的书面承诺。

（二）异议登记申请受理

1. 申请主体

异议登记的申请主体应当是利害关系人。

2. 申请材料

（1）不动产登记申请书（原件 1 份）。

（2）申请人身份证明（查验原件）。

（3）证实对登记的不动产权利有利害关系的材料（原件 1 份）。

（4）证实不动产登记簿记载的事项错误的材料（原件 1 份）。

3. 办理流程

办理流程为申请—受理—审核—登簿—发证。

4. 办理时限

材料齐全，即时办理。

三、预告登记

（一）基本概念

（1）有下列情形之一的，当事人可以按照约定申请不动产预告登记：

1）商品房等不动产预售的。

2）不动产买卖、抵押的。

3）以预购商品房设定抵押权的。

4）法律、行政法规规定的其他情形。

预告登记生效期间，未经预告登记的权利人书面同意，处分该不动产权利申请登记的，不动产登记机构应当不予办理。

预告登记后，债权未消灭且自能够进行相应的不动产登记之日起 3 个月内，当事人申请不动产登记的，不动产登记机构应当按照预告登记事项办理相应的登记。

（2）申请预购商品房的预告登记，应当提交下列材料：

1）已备案的商品房预售合同。

2）当事人关于预告登记的约定。

3）其他必要材料。

预售人和预购人订立商品房买卖合同后，预售人未按照约定与预购人申请预告登记，预购人可以单方申请预告登记。

预购人单方申请预购商品房预告登记，预售人与预购人在商品房预售合同中对预告登

记附有条件和期限的，预购人应当提交相应材料。

申请预告登记的商品房已经办理在建建筑物抵押权首次登记的，当事人应当一并申请在建建筑物抵押权注销登记，并提交不动产权属转移材料、不动产登记证明。不动产登记机构应当先办理在建建筑物抵押权注销登记，再办理预告登记。

(3)申请不动产转移预告登记的，当事人应当提交下列材料：

1)不动产转让合同。

2)转让方的不动产权属证书。

3)当事人关于预告登记的约定。

4)其他必要材料。

(4)抵押不动产，申请预告登记的，当事人应当提交下列材料：

1)抵押合同与主债权合同。

2)不动产权属证书。

3)当事人关于预告登记的约定。

4)其他必要材料。

(5)预告登记未到期，有下列情形之一的，当事人可以持不动产登记证明、债权消灭或者权利人放弃预告登记的材料，以及法律、行政法规规定的其他必要材料申请注销预告登记：

1)预告登记的权利人放弃预告登记的。

2)债权消灭的。

3)法律、行政法规规定的其他情形。

(二)预告登记申请受理

1. 申请主体

预告登记的申请主体应当为买卖房屋或者其他不动产物权协议的双方当事人。预购商品房的预售人和预购人订立商品房买卖合同后，预售人未按照约定与预购人申请预告登记时，预购人可以单方申请预告登记。

2. 申请材料

预告登记提交资料见表5-18。

表5-18　预告登记提交资料

提交资料	预告登记设立				
	预购商品房预告登记	预购商品房抵押预告登记	预购商品房预告登记和抵押预告登记合并办理	不动产转移预告登记	不动产抵押预告登记
不动产登记申请书(原件)	√	√	√	√	√
查验身份证明；委托办理的提供含委托双方身份证明的委托书原件并查验受托人身份证明(原件)	√	√	√	√	√

续表

提交资料	预告登记设立				
	预购商品房预告登记	预购商品房抵押预告登记	预购商品房预告登记和抵押预告登记合并办理	不动产转移预告登记	不动产抵押预告登记
经备案的商品房预售合同(原件)	√		√		
买卖双方关于申请预告登记的书面约定(买卖房屋或者其他不动产物权的协议上有约定的不需要单独提交)	√	√	√	√	√
买卖合同(原件)				√	
不动产权属证书(原件)				√	√
不动产登记证明(原件)		√			
主债权合同和抵押合同(原件)		√	√		√

3. 办理流程

办理流程为申请—受理—审核—登簿—发证。

4. 办理时限

材料齐全，自受理之日起5个工作日(各地时限有所不同)办结。

四、查封登记

(一)基本概念

人民法院要求不动产登记机构办理查封登记的，应当提交下列材料：

(1)人民法院工作人员的工作证。

(2)协助执行通知书。

(3)其他必要材料。

两个以上人民法院查封同一不动产的，不动产登记机构应当为先送达协助执行通知书的人民法院办理查封登记，对后送达协助执行通知书的人民法院办理轮候查封登记。

轮候查封登记的顺序按照人民法院协助执行通知书送达不动产登记机构的时间先后进行排列。

查封期间，人民法院解除查封的，不动产登记机构应当及时根据人民法院协助执行通知书注销查封登记。

不动产查封期限届满，人民法院未续封的，查封登记失效。

人民检察院等其他国家有权机关依法要求不动产登记机构办理查封登记的，参照有关规定办理。

(二)查封登记申请受理

1. 司法查封主体

司法查封的主体应当为人民法院、人民检察院或公安机关等国家有权机关。

2. 查封材料

(1)人民法院、人民检察院或公安机关等国家有权机关送达人的工作证和执行公务的证明文件。委托其他法院送达的，应当提交委托材料。

(2)人民法院查封的，应提交查封或者预查封的协助执行通知书；人民检察院、公安机关等国家有权机关的司法查封文件。

3. 办理流程

办理流程为申请—受理—审核—登簿。

4. 办理时限

材料齐全，即时办理。

五、集体经营性建设用地登记

(一)基本概念

国土空间规划确定为工业、商业等经营性用途，且已依法办理土地所有权登记的集体经营性建设用地，土地所有权人可以通过出让、出租等方式交由单位或者个人在一定年限内有偿使用。

土地所有权人拟出让、出租集体经营性建设用地的，市、县人民政府自然资源主管部门应当依据国土空间规划提出拟出让、出租的集体经营性建设用地的规划条件，明确土地界址、面积、用途和开发建设强度等。市、县人民政府自然资源主管部门应当会同有关部门提出产业准入和生态环境保护要求。

土地所有权人应当依据规划条件、产业准入和生态环境保护要求等，编制集体经营性建设用地出让、出租等方案，并依照《土地管理法》第六十三条的规定，由本集体经济组织形成书面意见，在出让、出租前不少于十个工作日报市、县人民政府。市、县人民政府认为该方案不符合规划条件或者产业准入和生态环境保护要求等的，应当在收到方案后五个工作日内提出修改意见。土地所有权人应当按照市、县人民政府的意见进行修改。

集体经营性建设用地出让、出租等方案应当载明宗地的土地界址、面积、用途、规划条件、产业准入和生态环境保护要求、使用期限、交易方式、入市价格、集体收益分配安排等内容。

土地所有权人应当依据集体经营性建设用地出让、出租等方案，以招标、拍卖、挂牌或者协议等方式确定土地使用者，双方应当签订书面合同，载明土地界址、面积、用途、规划条件、使用期限、交易价款支付、交地时间和开工竣工期限、产业准入和生态环境保护要求，约定提前收回的条件、补偿方式、土地使用权届满续期和地上建筑物、构筑物等附着物处理方式，以及违约责任和解决争议的方法等，并报市、县人民政府自然资源主管部门备案。未依法将规划条件、产业准入和生态环境保护要求纳入合同的，合同无效；造成损失的，依法承担民事责任。合同示范文本由国务院自然资源主管部门制定。

(二)申请受理要点

集体经营性建设用地的出租，集体建设用地使用权的出让及其最高年限、转让、互换、出资、赠予、抵押等，参照同类用途的国有建设用地执行，法律、行政法规另有规定的除外。

通过出让等方式取得的集体经营性建设用地使用权依法转让、互换、出资、赠予或者抵押的，双方应当签订书面合同，并书面通知土地所有权人。

集体经营性建设用地使用者应当按照约定及时支付集体经营性建设用地价款，并依法缴纳相关税费，对集体经营性建设用地使用权及依法利用集体经营性建设用地建造的建筑物、构筑物及其附属设施的所有权，依法申请办理不动产登记。

六、证书破损或遗失

(一)证书破损

不动产权属证书或者不动产登记证明污损、破损的，当事人可以向不动产登记机构申请换发。符合换发条件的，不动产登记机构应当予以换发，并收回原不动产权属证书或者不动产登记证明。

(二)证书遗失

不动产权属证书或者不动产登记证明遗失、灭失，不动产权利人申请补发的，由不动产登记机构在其门户网站上刊发不动产权利人的遗失、灭失声明 15 个工作日后，予以补发。

不动产登记机构补发不动产权属证书或者不动产登记证明的，应当将补发不动产权属证书或者不动产登记证明的事项记载于不动产登记簿，并在不动产权属证书或者不动产登记证明上注明“补发”字样。

任务实施

办理其他登记的证书

任务三中的李××在×市××区花园路 25 号银泰小区 4 幢 1503 房产，在 2023 年 8 月办理了不动产权证。李××后来遗失了证书，现申请补办，请按要求给予办理。

任务九　不动产登记资料查询与登记代理

任务目标

(1)熟悉不动产登记资料查询；

(2)了解不动产登记代理内容。

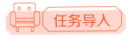

任务导入

李××到不动产登记部门申请查询已发证的银泰小区 4 幢 1503 房产的登记资料，如何查询？并请专业代办证书人员，帮助其办理位于本区的另一套房产的不动产权证。如何代办？

案例一

原告张××诉称：因与邻居杨×土地使用权属发生争议，为了解争议地的历史和现状，于 2019 年 8 月以来多次口头、书面向本市自然资源局提出查询杨×的房屋占用土地的地籍调查表，均被口头拒绝，被告×市自然资源局仍未予以书面答复回应。故原告张××要求被告×市自然资源局依法履行提供不动产资料信息查询的法定职责。

案例二

原告李律师诉称：王×持有一本《国有土地使用证》，坐落于县城西街 50 号。但王×的亲戚林×认为自己才是该宗地的主人，就到法院起诉王×，并请李律师代理自己打官司。李律师就到自然资源局查询该宗地的土地登记审批资料，但自然资源局没有为李律师提供查询服务，于是李律师向法院上诉×县自然资源局未依法履行不动产登记资料查询义务。

一、不动产登记资料查询

不动产登记资料查询是指符合规定条件的单位和个人依法对登记机关在办理不动产登记过程中形成的涉及不动产权利人的有关登记资料进行查询的活动。

(一)法律依据

(1)《民法典》中物权编第二百一十八条：“权利人、利害关系人可以申请查询、复制不动产登记资料，登记机构应当提供。”

(2)《不动产登记资料查询暂行办法》第四条规定：“不动产权利人、利害关系人可以依照本办法的规定，查询、复制不动产登记资料。”

(二)不动产登记资料查询的范围

(1)不动产登记簿等不动产登记结果。

(2)不动产登记原始资料包括不动产登记申请书、申请人身份材料、不动产权属来源、

登记原因、不动产地籍调查成果等材料及不动产登记机构审核材料。

（三）不动产登记资料查询的方式

（1）不动产登记簿上记载的权利人可以查询本不动产登记结果和本不动产登记原始资料。

（2）不动产权利人可以申请以下索引信息查询不动产登记资料，但法律法规另有规定的除外：

1）权利人的姓名或者名称、公民身份证号码或者统一社会信用代码等特定主体身份信息。

2）不动产具体坐落位置信息。

3）不动产权属证书号。

4）不动产单元号。

（3）不动产登记机构可以设置自助查询终端，为不动产权利人提供不动产登记结果查询服务。

（4）继承人、受遗赠人因继承和受遗赠取得不动产权利的，适用关于不动产权利人查询的规定。

（5）清算组、破产管理人、财产代管人、监护人等依法有权管理和处分不动产权利的主体，参照规定查询相关不动产权利人的不动产登记资料。

（6）符合下列条件的利害关系人可以申请查询有利害关系的不动产登记结果：

1）因买卖、互换、赠予、租赁、抵押不动产构成利害关系的。

2）因不动产存在民事纠纷且已经提起诉讼、仲裁而构成利害关系的。

3）法律法规规定的其他情形。

（7）不动产登记资料按记录的介质主要包括纸质档案和文档、图表、音像、影像等电子档案两大类。

与之对应，不动产登记资料查询主要包括手工调取纸质地籍档案、不动产登记资料查询信息系统数据查询两种形式。不动产登记的查询人可以阅读或自行抄录所查到的不动产登记信息，同时，也可以委托查询机构摘录或复制有关的不动产登记资料。如果不动产登记查询人要求查询机构对其所提供的查询结果鉴证盖章，以确保所查询结果的准确性和权威性，查询机构应当加盖印章鉴证。

（四）不动产档案查询办事指南（以某地为例）

1. 适用

已经登记的不动产登记结果，因办理各类相关事项需提供不动产登记结果。

2. 申请主体

不动产权利人、利害关系人。

3. 申请材料

（1）不动产权利人申请查询：

1）不动产登记资料查询申请书（原件 1 份）。

2）申请人身份证明（查验原件）。

（2）不动产利害关系人申请查询：

1）不动产登记资料查询申请书（原件 1 份）。

2)利害关系证明材料(查验原件)。

3)利害关系人身份证明材料(查验原件)。

4. 查询申请形式

查询申请形式有现场申请和网上申请两种。

(1)现场申请：可到该市不动产信息档案管理中心在主城区所设置的查询窗口进行查询，各区均可进行查询。

(2)网上申请：通过“×市不动产”微信号或“该市不动产登记中心网站”登记预约进行网上申请。

5. 办理流程

办理流程为申请—审核—受理—提供查询结果。

6. 办理时限

材料齐全，当场提供查询结果；特殊事项自受理之日起5个工作日提供查询结果。

二、不动产登记代理

(一)概念

不动产登记代理是不动产权利人委托不动产登记代理机构为其办理水流、森林、山岭、草原、荒地、滩涂等自然资源和土地、海域，以及房屋、林木等定着物的不动产登记代理行为。

(二)某省不动产登记代理办法(节选)

(1)不动产登记代理遵循平等、自愿的原则，自然资源行政主管部门不得为土地权利人指定代理机构。

(2)不动产登记代理专业人员从事不动产登记代理业务，应当加入不动产登记代理机构，并且只能在一个不动产登记代理机构从事业务。

(3)不动产登记代理专业人员主要从事下列业务：

1)代理登记申请、确权指界、地籍调查，领取不动产权证书等。

2)收集、整理权属来源证明及其他相关材料。

3)协助权利人办理权属争议相关事项。

4)依法查询登记资料、查证产权。

5)提供登记及地籍管理相关法律政策和技术咨询。

6)提供整合和整理不动产登记资料、开发建设与升级维护不动产登记信息管理基础平台、地籍数据库等服务。

7)与登记业务相关的其他受托事项。

(三)某省对于不动产登记代理人员的管理

(1)不动产登记代理专业人员享有下列权利：

1)根据委托代理合同获取劳务报酬。

2)依法向有关国家机关或者其他组织查阅从事业务所需的文件、证明和资料。

3)依法独立开展土地登记代理业务。
4)要求委托方提供相关资料。
5)法律、行政法规规定的其他权利。
(2)不动产登记代理专业人员应当履行下列义务:
1)诚实守信,独立、公正从事代理业务。
2)按照委托人指示处理代理业务。
3)向委托人及时告知代理业务进展情况。
4)完成规定的继续教育,保持和提高专业能力。
5)对代理活动中知悉的国家秘密、商业秘密和个人隐私予以保密。
6)与委托人或其他相关当事人有利害关系的,应当回避。
7)接受行业协会的自律管理,履行行业协会章程规定的义务。
8)法律、行政法规规定的其他义务。

三、不动产登记代理专业人员

(1)国家设立不动产登记代理专业人员水平评价类职业资格制度,面向全社会提供不动产登记代理专业人员能力水平评价的服务,纳入国家职业资格目录。

(2)不动产登记代理专业人员职业资格设不动产登记代理人一个层级,不动产登记代理专业人员英文译为 Real Estate Registration Agent。

(3)自然资源部按照国家职业资格制度有关规定,负责制定不动产登记代理专业人员职业资格制度,并对实施情况进行指导、监督和检查。中国土地估价师与土地登记代理人协会具体承担不动产登记代理专业人员职业资格的评价管理工作。

(4)不动产登记代理专业人员职业资格实行全国统一大纲、统一命题、统一组织的考试制度。原则上每年举行 1 次。

(5)凡遵守中华人民共和国宪法、法律、法规,恪守职业道德,具有高等院校专科及以上学历的人员,均可以申请参加不动产登记代理人职业资格考试。不动产登记代理人职业资格考试设"不动产登记法律制度政策""不动产权利理论与方法""地籍调查"和"不动产登记代理实务"4 个科目。考试分 4 个半天进行,每个科目的考试时间为 2.5 小时。不动产登记代理人职业资格考试成绩实行 4 年为一个周期的滚动管理办法。参加全部 4 个科目考试的人员必须在连续 4 个考试年度内通过应试科目,方可取得不动产登记代理人职业资格证书。

(6)不动产登记代理专业人员职业资格考试合格的,由中国土地估价师与土地登记代理人协会颁发自然资源部监制,中国土地估价师与土地登记代理人协会用印的中华人民共和国不动产登记代理人职业资格证书,证书在全国范围有效。

(7)通过不动产登记代理专业人员职业资格考试并取得职业资格证书的人员,表明其已具备从事水流、森林、山岭、草原、荒地、滩涂等自然资源和土地、海域,以及房屋、林木等定着物的不动产登记代理专业岗位工作的职业能力和水平。

(8)不动产登记代理专业人员应当遵守国家专业技术人员继续教育有关规定,接受不动产登记代理行业组织等的继续教育,不断更新专业知识,提高职业素质和业务能力。不动产登记代理专业人员应依托不动产登记代理服务机构从事不动产登记代理业务。

任务实施

1. 网络查询本市不动产登记资料查询流程，写出查询时所需提交的资料：

____，

____，

____。

2. 网络查询本地的不动产登记代理机构，列出1～5家机构的名称与联系方式：

____，

____。

自我评测习题集

一、单项选择题

1. 下列情况可以单方申请办理登记的是(　　)。
   A. 受遗赠的房屋　　B. 买卖的房屋　　C. 抵押的房屋　　D. 赠予的房屋
2. 某人在市区购买了一套预售商品房，在其进行正式的登记之前可以申请(　　)。
   A. 他项权利登记　　B. 异议登记　　C. 注销登记　　D. 预告登记
3. 不动产(　　)，是指不动产权利第一次登记。
   A. 首次登记　　B. 变更登记　　C. 转移登记　　D. 注销登记
4. 不动产权利人的姓名发生变更的，不动产权利人可以申请(　　)。
   A. 首次登记　　B. 变更登记　　C. 转移登记　　D. 注销登记
5. 不动产的用途依法改变的，不动产权利人可以申请(　　)。
   A. 首次登记　　B. 变更登记　　C. 转移登记　　D. 注销登记
6. 甲将自己拥有的不动产卖给乙，当事人可以申请(　　)。
   A. 首次登记　　B. 变更登记　　C. 转移登记　　D. 注销登记
7. 丙去世，其子丁继承了丙的不动产，当事人可以申请(　　)。
   A. 首次登记　　B. 变更登记　　C. 转移登记　　D. 注销登记
8. 丁的不动产因自然灾害灭失，当事人可以申请(　　)。
   A. 首次登记　　B. 变更登记　　C. 转移登记　　D. 注销登记
9. 因买卖、设定抵押权等申请不动产登记的，应当由当事人(　　)申请。
   A. 任选一方　　B. 双方共同　　C. 义务方　　D. 权利方
10. 经审核，(　　)可以办理划拨国有土地使用权首次登记。
    A. 某大型超市　　B. 某高档住宅小区
    C. 某大型游乐设施　　D. 国家立项的某地高速公路
11. 经审核，(　　)可以办理划拨国有土地使用权首次登记。
    A. 某大型娱乐场所　　B. 某高档住宅小区

C. 某大型游乐设施　　D. 某县公办中学用地

12. 依法取得国有建设用地使用权，(　　)单独申请国有建设用地使用权登记。

A. 不能　　B. 可以　　C. 必须　　D. 房屋建成后才能

13. 依法取得宅基地使用权，(　　)单独申请宅基地使用权登记。

A. 不能　　B. 可以　　C. 必须　　D. 房屋建成后才能

14. 申请国有建设用地使用权首次登记的，应当提交的材料是(　　)。

A. 宗地图及宗地界址点坐标　　B. 建设工程符合规划的材料

C. 房屋已经竣工的材料　　D. 房地产调查或者测绘报告

15. 在下列选项中，(　　)必须办理出让使用权登记。

A. 某县民政部门开办的敬老院建设用地

B. 某县财政局办公用地

C. 某公办学校教学用地

D. 某开发公司在阳宗海开发区的旅游用地

16. 国家法律规定，居住用地的土地使用权出让最高年限为(　　)年。

A. 40　　B. 70　　C. 50　　D. 60

17. 甲公司于2023年取得一块住宅用地的出让土地使用权，按规定，该宗地登记的土地使用权终止日期最高为(　　)年。

A. 2073　　B. 2083　　C. 2093　　D. 2103

18. 甲公司于2005年取得一块旅游用地的出让土地使用权，按规定，该宗地登记的土地使用权终止日期最高为(　　)年。

A. 2040　　B. 2045　　C. 2050　　D. 2060

19. 甲房地产公司于2010年取得一块商业用地的出让土地使用权，按规定，该宗地登记的土地使用权终止日期最高为(　　)年。

A. 2040　　B. 2050　　C. 2060　　D. 2070

20. 甲学校于2016年取得一块教育用地的出让土地使用权，该宗地使用权终止日期最高为(　　)年。

A. 2086　　B. 2076　　C. 2066　　D. 2056

21. 甲工厂于2016年取得一块工业用地的出让土地使用权，该宗地使用权终止日期最高为(　　)年。

A. 2086　　B. 2076　　C. 2066　　D. 2056

22. 某单位于2015年取得一块医卫慈善用地的出让土地使用权，该宗地使用权终止日期最高为(　　)年。

A. 2055　　B. 2056　　C. 2065　　D. 2066

23. 住宅建设用地使用期届满的(　　)。

A. 自动终止　　B. 重新办理　　C. 自动续期　　D. 不能续期

24. 农村村民一户只能拥有(　　)处宅基地。

A. 3　　B. 2　　C. 1　　D. 4

25. 登记宅基地使用权的不动产权证书中，权利人应为(　　)。

A. 男主人　　B. 女主人　　C. 最年长者　　D. 户主

26. 出让国有建设用地使用权首次登记的说法中，下列正确的是(　　)。

A. 申请人为受让方

B. 出让合同中受让方为县(市)级以上人民政府

C. 不能分期支付土地出让金

D. 可以按出让金缴纳比例分割发放土地证

27. 下述(　　)可以设置抵押权。

A. 蒙自市文澜街道的××村民小组集体所有的土地

B. 某村民小组成员张三的宅基地使用权

C. 某公办学校教育用地

D. 某政府机关工作人员取得的出让住宅用地

28. 设定抵押权的国有建设用地使用权办理登记时，若为划拨的，则应明确实现抵押权时应当从拍卖所得的地价款中缴纳相当于(　　)的款额。

A. 土地使用权出让金　B. 土地租金　　C. 土地补偿款　　D. 土地税费

29. 下列不得设定抵押的房地产是(　　)。

A. 出让取得的国有土地使用权　　B. 张某的个人房屋

C. 我国某双一流大学的教学楼　　D. 某私营企业的国有土地使用权

30. 以建设用地使用权、海域使用权抵押的，该土地、海域上的建筑物、构筑物(　　)抵押。

A. 不能　　B. 一并　　C. 看情况　　D. 后续再办理

31. 同一不动产上设立多个抵押权的，不动产登记机构应当按照受理时间(　　)办理登记。

A. 倒着　　B. 先后顺序依次　　C. 随意　　D. 随机摇号

32. 甲房地产公司用自己合法使用的某宗地使用权向乙银行做抵押贷款，办理土地抵押权登记申请，应由(　　)向土地登记机关申请。

A. 甲房地产公司　　B. 乙银行

C. 甲房地产公司和乙银行共同　　D. 甲房地产公司和乙银行之外的第三方

33. 甲公司向乙银行贷款，丙公司用自己合法使用的某宗地使用权为甲公司做担保抵押给乙银行，应由(　　)向土地登记机关申请办理土地抵押权登记。

A. 甲与乙　　B. 甲与丙　　C. 乙与丙　　D. 丙

34. 甲房地产公司用自己合法使用的某宗地使用权向乙银行做抵押贷款，其抵押权设定登记(　　)报政府审批。

A. 不需　　B. 必须　　C. 看情况可报　　D. 无法判断

35. 甲房地产公司用自己合法使用的某宗地使用权向乙银行做抵押贷款，抵押登记期间，(　　)是土地的合法使用者。

A. 甲　　B. 乙　　C. 丙　　D. 无法判断

36. 甲房地产公司用自己合法使用的某宗地使用权向乙银行做抵押贷款，抵押登记后，登记部门应将登记权利证明颁发给(　　)。

A. 甲　　B. 乙　　C. 丙　　D. 无法判断

37. 某宗地出让给甲企业，出让年限为60年，甲企业使用3年后将整宗地全部转让给乙单位，乙在使用五年后又将一半土地卖给丙，则丙单位还可以继续使用(　　)年。

A. 51　　B. 52　　C. 53　　D. 54

38. 某宗地出让给甲企业，出让年限为60年，甲企业使用3年后将整宗地全部转让给乙单位，乙在使用两年后又将一半土地卖给丙，则丙单位还可以继续使用(　　)年。

A. 50　　B. 55　　C. 56　　D. 57

39. 张三到户口管理部门把自己的姓名更改为张四，现申请换发不动产证书，应办理(　　)。

A. 变更登记　　B. 注销登记　　C. 转移登记　　D. 更正登记

40. 张三的泰山路234号房地产门牌号变更为256号，现申请换发不动产证书，应办理(　　)。

A. 变更登记　　B. 注销登记　　C. 转移登记　　D. 更正登记

41. 权利人、利害关系人认为不动产登记簿记载的事项有错误，可以申请(　　)。

A. 变更登记　　B. 注销登记　　C. 转移登记　　D. 更正登记

42. 张三的不动产权证上权利人名称被工作人员误打印为张四，张三可以申请(　　)。

A. 变更登记　　B. 注销登记　　C. 转移登记　　D. 更正登记

43. 张三的房地产因山体垮塌后灭失，张三可以申请(　　)。

A. 变更登记　　B. 注销登记　　C. 转移登记　　D. 更正登记

44. 李四的农村宅基地因国家修建高速公路被征收，李四可以申请(　　)。

A. 变更登记　　B. 注销登记　　C. 转移登记　　D. 更正登记

45. 云南省土地管理条例规定，城镇开发边界内的宅基地面积标准每户不得超过(　　)m^2。

A. 50　　B. 100　　C. 150　　D. 200

46. 云南省土地管理条例规定，城镇开发边界外的宅基地面积标准每户不得超过(　　)m^2。

A. 50　　B. 100　　C. 150　　D. 200

47. 土地用途变更登记时申请人应当提交的权属文件资料不包括(　　)。

A. 土地登记机关发出的土地证书　　B. 申请人的身份证明

C. 地上建筑物、附着物权属证明　　D. 土地用途变更的批准文件

48. 关于土地用途变更的批准文件，下列说法错误的是(　　)。

A. 土地用途变更批准文件是土地权利人向登记机关申请土地用途变更的要件

B. 土地用途变更批准文件是登记机关进行土地用途变更登记的依据

C. 土地用途变更批准文件是登记人员办理土地用途变更登记时审核的重点

D. 土地用途变更批准文件是登记人员办理土地用途变更登记时审核的一般文件

49. 甲单位申请土地用途变更登记时，应向(　　)提交材料。

A. 县级以上政府　　B. 县级以上规划部门
C. 县级以上自然资源部门　　D. 乡级以上政府

50. 下列登记发放登记证明的是(　　)。
A. 不动产抵押登记　B. 转移登记　C. 变更登记　D. 首次登记

51. 不动产登记机构应当自受理登记申请之日起(　　)个工作日内办结不动产登记手续。
A. 15　B. 20　C. 30　D. 60

52. 当不动产权证书和不动产登记簿内容不一致时，(　　)。
A. 以不动产登记簿记载内容为准
B. 以不动产权证书记载内容为准
C. 两者均作废
D. 以上级自然资源行政主管部门裁决为准

53. 关于不动产登记载体的表述中，下列错误的是(　　)。
A. 不动产物权的设立、变更、转让和消灭，依照法律规定应当登记的，自记载于登记簿时发生效力
B. 不动产权属证书记载的事项，应当与不动产登记簿一致
C. 不动产权属证书记载的事项与不动产登记簿不一致的，除有证据证明不动产权属证书确有错误外，以不动产权属证书为准
D. 不动产登记簿是物权归属和内容的根据

54. 国家实行不动产登记资料(　　)查询制度。
A. 秘密　B. 依法　C. 半公开　D. 不公开

55. (　　)不属于原始登记资料。
A. 权属来源文件　B. 登记申请书　C. 宗地图　D. 地籍调查表

56. 查询人要复印已查阅到的土地登记资料，查询机关应该(　　)查询人的复印要求。
A. 同意　B. 委婉拒绝　C. 直接拒绝　D. 借口回绝

57. 关于不动产登记资料查询的说法，下列错误的是(　　)。
A. 不动产权利人可以依照规定，查询、复制不动产登记资料
B. 查询不动产登记资料的单位和个人应当向不动产登记机构说明查询目的，不得将查询获得的不动产登记资料用于其他目的
C. 未经权利人同意，不得泄露查询获得的不动产登记信息
D. 申请查询不动产登记原始资料，应当优先调取原始纸质成果

58. 关于特殊登记资料查询限制的表述，下列不正确的是(　　)。
A. 涉及国家安全、军事设施等保密单位的不动产登记资料
B. 有关法律、法规规定保密的不动产登记资料
C. 一旦公开，将威胁到国家的安全，或造成其他严重后果的登记资料
D. 查询人查询登记资料的，可以将登记资料带离指定场所

59. 不动产登记簿由不动产登记机构(　　)保存。
A. 永久　B. 50 年　C. 20 年　D. 5 年

60. (　　)不能登记产权。

A. 村民的合法住房　　B. 临时建筑
C. 居民的合规商铺　　D. 经验收的厂房

61. 不动产登记代理人正式执业的不动产登记代理机构为(　　)个。
A. 1　　B. 2
C. 3　　D. 各省规定不一致，无法确定

二、判断题

1. 预告登记在正式登记之前。(　　)
2. 村民个人可以作为集体土地所有权主体进行登记。(　　)
3. 土地使用权抵押了，其地上房屋所有权必须随之抵押。(　　)
4. 宅基地使用权可以设定抵押权。(　　)
5. 土地使用权抵押时，在抵押期间的地上新增建(构)筑物不随之抵押。(　　)
6. A 县财政局与 D 单位签订了土地使用权出让合同，将土地使用权出让给 D，合同有效。(　　)
7. A 县 C 镇政府与 D 单位签订了土地使用权出让合同，将土地使用权出让给 D，合同有效。(　　)
8. 划拨国有土地使用权经过批准也可以设定抵押权。(　　)
9. 产权合法但无证书的出让土地，经过批准也可以设定抵押权。(　　)
10. 某出让宗地剩余使用年期为 1 年，可以设定为期两年的抵押权进行抵押登记。(　　)
11. 某宗地出让给甲，甲使用 3 年后将一半土地卖给乙，则甲、乙最终各自持有的土地证书上登记的权利终止日期可能一致，也可能不一致。(　　)
12. 某宗地出让给甲，甲使用 3 年后将全部土地卖给乙，则要给乙发证的前提是登记部门收回甲持有的土地证书原件。(　　)
13. 某宗地出让给甲，甲使用 3 年后将一半土地卖给乙，则甲、乙最终各自持有的土地证书上登记的权利终止日期一致。(　　)
14. 城市居民到农村购置住房后申请宅基地使用权登记，登记部门应看情况进行办理。(　　)
15. 某监护人要给 5 岁小孩办理出让土地的产权证书，因小孩未满 18 岁，登记部门不予办理。(　　)
16. 某村民小组成员甲把自己的住房卖给了同村民小组成员乙，甲不可以重新申请宅基地并办理相关登记。(　　)
17. 某村民到外地做生意急需资金，将住宅连同宅基地卖给他人。2 年后，该村民又返乡，因无房居住，再向相关部门申请宅基地，相关部门考虑到该户困难，又安排了一处宅基地给该户。(　　)
18. 宅基地使用权的不动产权证书上登记的使用者为户主。(　　)
19. 名称变更登记需要收回原土地证书，颁发新的不动产权证书。(　　)
20. 地址变更登记需要收回原土地证书，颁发新的不动产权证书。(　　)
21. 由于机构改革，政府某机关部门变更的名称，该部门现依法可以申请所使用土地的名称变更登记。(　　)

22. 不动产登记资料查询时，查询人除了能阅读资料外，还可以对资料进行复印或拍照。 (　　)

23. 不动产登记资料查询时，如果查询土地无登记结果的，查询机关只需口头说明，不能出具书面证明。 (　　)

24. 查询人要求复制不动产登记资料的，不动产登记机构应当提供复制。 (　　)

25. 查询不动产登记资料的单位、个人，未经权利人同意，不得泄露查询获得的不动产登记资料。 (　　)

26. 受理业务是不动产登记代理的中间程序。 (　　)

27. 不动产登记代理人可以独立接受委托代理不动产登记代理相关工作。 (　　)

28. 不动产指的仅是土地和房屋。 (　　)

29. 临时建筑可以登记产权。 (　　)

三、应用分析题

1. 2015 年 6 月 17 日，昆明明月房地产开发有限公司与国家土地管理机关签订了《国有建设用地使用权出让合同》，并缴清了全部土地出让金和相关税费，取得位于昆明市盘龙区穿金路 157 号、面积为 0.65 hm^2 的居住用地使用权(该地段土地为昆明市住宅用地Ⅳ级)，为独立宗，使用年限为 70 年(从签订合同当日之后的第三日起算)，当年已进行土地登记，图号为 225.00-175.25，地号为 004-001-035。

2023 年 5 月 10 日，昆明明月房地产开发有限公司将 004-001-035 宗地中的 3.45 亩土地分割出来转让给云南景华房地产开发有限公司(以下简称“景华公司”)，转让符合要求，转让宗地的地号为 004-001-098(该街区街坊中原有的地号最大为 004-001-097)，新的门牌号为 165 号；未转让地块的门牌号为 164 号。

地上无定着物，现为景华公司办理土地相关登记，请填写不动产权证书(表 5-19)。

备注：表中面积单位为平方米。盘龙区划代码为 530103。

表 5-19　不动产权证书

权利人	
共有情况	
坐落	
不动产单元号	
权利类型	
权利性质	
用途	
面积	
使用期限	年　月　日　起　　年　月　日　止

2. 2015 年 7 月 11 日，云南合盛房屋置业有限公司(以下简称“合盛公司”)与国家土地管理机关签订了《国有建设用地使用权出让合同》，并缴清了全部土地出让金和相关税费，取得位于昆明市五华区明浩路 148 号、面积为 0.53 hm^2 的城镇住宅用地使用权(该地段土地为昆明市住宅用地Ⅴ级)，使用年限为 68 年(从签订合同当日之后的第六日起算)。当年已

进行土地登记并颁发土地权利证书，图号为 375.25-150.75，地号为 006-004-139。

2023 年 5 月 13 日，合盛公司将 006-004-139 宗地中的 4.2 亩土地分割出来转让给昆明品星房屋置业有限公司。转让符合要求，转让宗地的地号为 006-004-150(该街区街坊中原有的地号最大为 006-004-149)，新的门牌号为 162 号。未转让地块的门牌号为 164 号。

地上无定着物，现为合盛公司办理土地相关登记，请填写不动产权证书(表 5-20)。

备注：表中面积单位为平方米。五华区划代码为 530102。

表 5-20　不动产权证书

权利人	
共有情况	
坐落	
不动产单元号	
权利类型	
权利性质	
用途	
面积	
使用期限	年　月　日　起　　年　月　日　止

3. 2015 年 3 月 5 日，云南禾木房地产开发有限公司(以下简称“禾木公司”)与国家土地管理机关签订了《国有建设用地使用权出让合同》，并缴清了全部土地出让金和相关税费，取得位于昆明市五华区明浩路 151 号、面积为 0.3 hm^2 的商务金融用地使用权(该地段土地为昆明市商业用地Ⅴ级)，使用年限为 37 年(从签订合同当日之后的第五日起算)。当年已进行土地登记并颁发土地权利证书，图号为 375.25-150.75，地号为 006-004-072。

2023 年 5 月 25 日，禾木公司将 006-004-072 宗地中的 0.2 hm^2 土地分割出来转让给昆明品星房屋置业有限公司。转让符合要求，转让宗地的地号为 006-004-148(该街区街坊中原有的地号最大为 006-004-147)，新的门牌号为 155 号。未转让地块的门牌号为 157 号。

地上无定着物，现为禾木公司办理土地相关登记，请填写不动产权证书(表 5-21)。

备注：表中面积单位为平方米。五华区划代码为 530102。

表 5-21　不动产权证书

权利人	
共有情况	
坐落	
不动产单元号	
权利类型	
权利性质	
用途	
面积	
使用期限	年　月　日　起　　年　月　日　止

4. 2014 年 5 月 7 日，云南明杰发地产开发有限公司（以下简称“明杰发公司”）与国家土地管理机关签订了《国有建设用地使用权出让合同》，并缴清了全部土地出让金和相关税费，取得位于昆明市五华区明浩路 155 号、面积为 1 hm^2 的商务金融用地使用权（该地段土地为昆明市商业用地Ⅴ级），使用年限为 25 年（从签订合同当日之后的第十日起算）。当年已进行土地登记并颁发土地权利证书，图号为 375. 25-150. 75，地号为 006-004-075。

2023 年 6 月 12 日，明杰发公司将 006-004-075 宗地中的 0. 4 hm^2 土地分割出来转让给昆明香菊房屋置业有限公司。转让符合要求，转让宗地的地号为 006-004-182（该街区街坊中原有的地号最大为 006-004-181），新的门牌号为 178 号。未转让地块的门牌号为 177 号。

地上无定着物，现为明杰发公司办理土地相关登记，请你填写不动产权证书（表 5-22）。

备注：表中面积单位为平方米。五华区划代码为 530102。

表 5-22　不动产权证书

权利人	
共有情况	
坐落	
不动产单元号	
权利类型	
权利性质	
用途	
面积	
使用期限	年　月　日　起　　年　月　日　止

5. 2014 年 8 月 25 日，明杰发公司与国家土地管理机关签订了《国有建设用地使用权出让合同》，并缴清了全部土地出让金和相关税费，取得位于昆明市五华区江源路 16 号、面积为 0. 6 hm^2 的商务金融用地使用权（该地段土地为昆明市商业用地Ⅴ级），使用年限为 34 年（从签订合同当日起算）。当年已进行土地登记并颁发土地权利证书，图号为 425. 25-175. 75，地号为 006-002-123。

2023 年 6 月 22 日，明杰发公司将该宗地转让给昆明香菊房屋置业有限公司（以下简称“香菊公司”），转让符合要求。

地上无定着物，现为香菊公司办理土地相关登记，请填写不动产权证书（表 5-23）。

备注：表中面积单位为平方米。五华区划代码为 530102。

表 5-23　不动产权证书

权利人	
共有情况	
坐落	
不动产单元号	
权利类型	
权利性质	

续表

用途	
面积	
使用期限	年　月　日 起　年　月　日 止

6. 某宗地是集体所有土地，面积为 542 100 m^2，所有权人云南省昆明市禄劝县 A 乡 B 村委会 C 村民小组在土地改革期间取得土地，持有当时颁发的土地所有权权属证明及政府 2000 年的批文。C 村民小组现申请不动产登记。经地籍调查和初步审核，该土地取得行为及过程符合法律规定。请回答：

(1)根据不动产登记规定，C 村民小组应办理何种登记？

(2)申请登记时，C 村民小组应提交的材料有哪些？

7. 某宗地是集体土地，使用权人丁某于 2023 年 6 月 9 日取得该宗地的宅基地使用权，持有县政府颁发的用地批文，面积为 120 m^2。经地籍调查和初步审核，该土地取得行为及过程符合法律规定。请回答：

(1)根据不动产登记规定，丁某应办理何种登记？

(2)申请登记时，丁某应提交的材料有哪些？

8. 甲房地产公司于 2017 年 12 月 10 日以出让方式取得某宗居住用地 60 年的土地使用权。2023 年 6 月 9 日甲房地产公司与 A 银行签订《土地使用权抵押合同》，甲房地产公司以该宗地作为抵押物向 A 银行贷款 1 500 万元，抵押面积为 1 450 m^2，贷款期限为 1 年。经初步审查，该宗地实际界址清楚，土地面积与抵押面积一致为 1 450 m^2，土地使用权抵押手续符合法律规定。请回答：

(1)按照不动产登记有关规定，建议为该宗地办理何种登记？

(2)哪些土地财产不能用于抵押？

(3)按照规定，该不动产登记申请表由谁来盖章？

9. 假定你是云南省某县自然资源局土地登记的工作人员。该县甲房地产公司于 2023 年 10 月 25 日以出让方式取得一宗地 35 年期的商务金融用地国有土地使用权，用于写字楼开发。出让金已全部付清。根据地籍调查并经初步审查，该宗地实际界线范围与批准范围一致，但批准面积为 5 000 m^2，而实际测量面积为 5 002 m^2。土地出让手续符合法律规定。根据不动产登记有关规定，建议为甲房地产公司办理出让国有建设用地使用权首次登记。请回答：

(1)国有建设用地使用权出让有哪些方式？

(2)最终登记发证的面积应该是多少？

(3)在本例中，如果甲房地产公司不打算出让取得土地，而是打算划拨取得土地，依法能否批准？

(4)谈谈不动产登记的重要性。

10. 假定你是云南省某自然资源局土地登记的工作人员。甲房地产公司于 2023 年 11 月 10 日经该县人民政府批准，以出让方式取得一宗地 70 年的城镇住宅用地国有土地使用权，用于商品住宅开发建设。请回答：

(1)如果甲房地产公司因资金困难，提出在一定期限内分期支付土地出让金，是否可以？

(2)甲房地产公司在提出分期支付土地出让金的同时申请将该宗地分割办证，能否批准？

甲房地产公司付清了全部土地出让金，根据地籍调查并经初步审查，该宗地实际界线范围与批准范围一致，但批准面积为 3 950 m^2，而实际测量面积为 3 951.5 m^2。请回答：

(3)最终登记发证的面积应该是多少？

(4)谈谈甲房地产公司申请办理不动产证书的重要性。

11. 某宗土地为国有土地，某市甲房地产公司于 2023 年 7 月 1 日经该市人民政府批准，以出让方式取得该宗地国有土地使用权。批准用途为商业，使用权终止日期为 2046 年 6 月 1 日，出让金额为 3 890 万元。出让金已按合同要求一次付清。根据地籍调查并经初步审查，该宗地实际界址清楚，土地面积与出让面积一致，为 24 567 m^2。土地出让手续符合法律规定，批准文件有效。根据不动产登记有关规定，建议为甲房地产公司办理出让国有建设用地使用权首次登记。请回答：

(1)根据有关规定，该宗土地的出让期限是否合法？

(2)甲房地产公司在申请不动产登记时应提交哪些材料？

(3)出让国有建设用地使用权的权利主体有哪些？

(4)谈谈不动产登记的重要性。

12. 位于昆明市晋宁区六街镇的甲村民小组某户家庭户主村民乙(男，身份证号 5301241969××××××19，联系电话 187××56××××)，现拟办理自家的宅基地使用权登记。今天委托你代理登记，请写出《不动产登记委托书》。

13. 位于昆明市晋宁区六街镇××路××号的六街××小学(校长李明，男，身份证号 5301241974××××××19，联系电话 185××58××××)，现拟办理学校的国有建设用地使用权及房屋所有权登记。今天委托你代理登记，请写出《不动产登记委托书》。

四、课后思考题

1. 某地块出让金总计 1 000 万元，受让方 C 公司因资金短缺，拟先付 500 万元，剩余 500 万元在 1 个月后支付，是否可行？

2. C 公司在先付 500 万元后，因资金短缺，拟申请将该地块平均分割为两份，先办理原地块一半面积的土地产权证，用于抵押贷款筹措资金，是否可行？

3. A 公司在 2023 年因贷款将某宗地抵押给 W 银行，抵押期为 1 年。在不动产抵押的这一年里，该宗土地是否归 W 银行使用？

4. A 公司在 2023 年 3 月向 B 公司借款 300 万元，2023 年 4 月贷款 300 万元将某宗地抵押给 W 银行，抵押期半年。2023 年下半年还不起 B 公司的借款和 W 银行的贷款，其土地资产被 W 银行处置给 D 公司，拍卖得 500 万元。该如何分配？

5. A 公司用某宗地抵押，在 2022 年 10 月向 W 银行贷款 300 万元，在 2022 年 12 月向 S 银行贷款 300 万元。2023 年 6 月还不起上述贷款，其土地资产被银行处置给 D 公司，拍卖得 500 万元。该如何分配？

6. 将某宗地进行分割抵押，能否办理？

附录　不动产登记收费表

附表　不动产登记收费表

<table>
<tr><td colspan="2">收费依据</td><td>《国家发展改革委 财政部关于不动产登记收费标准等有关问题的通知》(发改价格规〔2016〕2559 号)
《财政部、国家发展改革委关于减免部分行政事业性收费有关政策的通知》(财税〔2019〕45 号)</td></tr>
<tr><td>收费项目</td><td>收费金额</td><td>不动产登记名目</td></tr>
<tr><td rowspan="5">A1 住宅类登记费</td><td rowspan="5">80 元/件</td><td>1. 房地产开发企业等法人、其他组织、自然人合法建设的住宅，申请办理房屋所有权及其建设用地使用权首次登记</td></tr>
<tr><td>2. 居民等自然人、法人、其他组织购买住宅，以及互换、赠予、继承、受遗赠等情形，住宅所有权及其建设用地使用权发生转移，申请办理不动产转移登记</td></tr>
<tr><td>3. 当事人以住宅及其建设用地设定抵押，办理抵押权登记</td></tr>
<tr><td>4. 当事人按照约定在住宅及其建设用地上设定地役权申办地役权登记</td></tr>
<tr><td>5. 车库、车位、储藏室，单独核发不动产权属证书或登记证明的</td></tr>
<tr><td rowspan="4">A2 非住宅类登记费</td><td rowspan="4">550 元/件</td><td>1. 住宅以外的房屋等建筑物、构筑物所有权及其建设用地使用权或者海域使用权</td></tr>
<tr><td>2. 无建筑物、构筑物的建设用地使用权</td></tr>
<tr><td>3. 地役权</td></tr>
<tr><td>4. 抵押权</td></tr>
<tr><td rowspan="2">优惠减半(同时不收第一本不动产权属证书工本费)</td><td rowspan="2">住宅类为 40 元/件；非住宅类为 275 元/件</td><td>1. 申请不动产异议登记的</td></tr>
<tr><td>2. 国家法律、法规规定予以减半收取的</td></tr>
<tr><td rowspan="6">免收不动产登记费(含第一本不动产权属证书工本费)</td><td rowspan="6">0</td><td>1. 变更登记、更正登记</td></tr>
<tr><td>2. 森林、林木所有权及其占用的林地承包经营权或林地使用权，以及相关抵押权、地役权</td></tr>
<tr><td>3. 耕地、草地、水域、滩涂等土地承包经营权或国有农用地使用权，以及相关抵押权、地役权</td></tr>
<tr><td>4. 申请与房屋配套的车库、车位、储藏室等登记，不单独核发不动产权属证书的</td></tr>
<tr><td>5. 小型企业(含个体工商户)申请不动产登记的</td></tr>
<tr><td>6. 依法由农民集体使用的国有农用地从事种植业、林业、畜牧业、渔业等农业生产，申请土地承包经营权登记或国有农用地使用权登记的</td></tr>
</table>

续表

收费项目	收费金额	不动产登记名目
免收不动产登记费（含第一本不动产权属证书工本费）	0	7. 为推进保障性安居工程建设，减轻登记申请人负担，廉租住房、公共租赁住房、经济适用住房和棚户区改造安置住房所有权及其建设用地使用权办理不动产登记，登记收费标准为零
		8. 小微企业(含个体工商户)、民办教育用地申请不动产登记的
		9. 国家法律、法规规定予以免收的
B 工本费	10 元/本	1. 单独申请宅基地使用权登记的
		2. 申请宅基地使用权及地上房屋所有权登记的
		3. 夫妻间不动产权利人变更，申请登记的
		4. 因不动产权属证书丢失、损坏等原因申请补发、换发证书的
		5. 向一个以上不动产权利人核发权属证书的，每增加一本证书加收证书工本费 10 元
不收工本费	0	1. 核发一本不动产权属证书的不收取证书工本费
		2. 核发不动产登记证明，不得收取登记证明工本费
计费单位		不动产登记费按件收取。申请人以一个不动产单元提出一项不动产权利的登记申请，并完成一个登记类型登记的为一件。申请人以同一宗土地上多个抵押物办理一笔贷款，申请办理抵押权登记的，按一件收费；非同宗土地上多个抵押物办理一笔贷款，申请办理抵押权登记的，按多件收费
正常收费＝A 登记费＋B 工本费		
缴费方式		1. 不动产登记费由登记申请人缴纳
		2. 按规定需由当事各方共同申请不动产登记的，不动产登记费由登记为不动产权利人的一方缴纳
		3. 不动产抵押权登记，登记费由登记为抵押权人的一方缴纳
		4. 不动产为多个权利人共有(用)的，不动产登记费由共有(用)人共同缴纳，具体分摊份额由共有(用)人自行协商

配套模拟测试卷 A

配套模拟测试卷 B

配套模拟测试卷 C

配套模拟测试卷 D

配套模拟测试卷 E

参考文献

[1]国家市场监督管理总局，国家标准化管理委员会．GB/T 42547—2023 地籍调查规程[S]. 北京：中国标准出版社，2023.

[2]国家质量技术监督局．GB/T 17986.1—2000 房产测量规范 第1单元：房产测量规定[S]. 北京：中国标准出版社，2000.

[3]谭峻，林增杰．地籍管理[M].5版．北京：中国人民大学出版社，2011.

[4]刘燕萍．不动产登记理论与实务[M]. 北京：地质出版社，2022.

[5]姜栋，黄亮．地籍调查[M]. 北京：地质出版社，2022.

[6]朱道林，钟京涛．不动产确权理论与方法[M]. 北京：地质出版社，2022.

[7]周志强．不动产登记——房屋登记[M]. 北京：地质出版社，2018.

[8]国家市场监督管理总局，中国国家标准化管理委员会．GB/T 37346—2019 不动产单元设定与代码编制规则[S]. 北京：中国标准出版社，2019.

[9]中华人民共和国自然资源部．TD/T 1095—2024 不动产登记规程[S]. 北京：地质出版社，2024.